L'ESPRIT DES SCIENCES

LUMIÈRES SUR LES COULEURS

Le regard du physicien

Michel Blay
Directeur de recherche au CNRS

ellipses

Dans la même collection

1. *Pourquoi ont-ils inventé les fractions ?*, par Nicolas Rouche.
2. *Anatomie des atomes*, par Jean Hladik.
3. *2500 ans de mathématiques*, par Georges Barthélemy.
4. *Les cristaux, fenêtres sur l'invisible*, par Alain Pénicaud.
5. *Les mathématiques apprivoisées*, par Bernard Aubry.
6. *La naissance des objets mathématiques*, par Enrico Giusti.
7. *Les quarks, histoire d'une découverte*, par Daniel Husson.
8. *De l'alchimie à la chimie*, par Olivier Lafont.
9. *La relativité selon Einstein*, par Jean Hladik.
10. *L'émergence des mathématiques*, par Bernard Duvillié.
11. *Lumières sur les couleurs*, par Michel Blay.
12. *Le calcul confié aux machines*, par Guillaume Watier.
13. *Une petite histoire de la physique*, par Isabelle Desit-Ricard.

ISBN 2-7298-0405-6

www.editions-ellipses.com

INTRODUCTION

La couleur et les phénomènes de la couleur, comme l'arc-en-ciel, ont depuis la plus haute Antiquité, comme en portent témoignage les récits de la mythologie, émerveillé et fasciné les hommes, suscité leur curiosité et favorisé l'émergence de diverses théories. Cependant, ce n'est qu'à la fin du XVIIe siècle, avec la construction du concept de lumière homogène ou monochromatique par Newton, que ces phénomènes deviennent susceptibles d'un traitement mathématique.

Dans ce livre nous ne nous sommes pas proposés de rendre compte de l'ensemble des théories de la couleur que les philosophes, les artistes ou les scientifiques ont pu proposer au cours des siècles en développant diverses réflexions en rapport avec les mélanges de pigments susceptibles d'intervenir dans la fabrication des teintures et autres colorants ou en s'interrogeant sur la valeur symbolique des couleurs ainsi que sur les langages qui en sont issus comme l'héraldique, mais, bien plutôt, de montrer comment le concept de lumière monochromatique associé au développement des théories de la lumière a imposé, dès la fin du XVIIe siècle, une refonte de l'ensemble des analyses relatives à l'étude des phénomènes de la couleur et au statut de la perception colorée.

La compréhension de cette problématique et sa clarification impose une démarche à la fois historique et conceptuelle.

Le premier chapitre, centré sur les théories de la couleur et des phénomènes de la couleur avant Newton, vise à circonscrire ce qu'il faut comprendre par couleur et par perception de la couleur avant la construction newtonienne du concept de lumière homogène ou monochromatique qui occupe le deuxième chapitre.

L'introduction de la conceptualisation newtonienne demande alors que soit mise en place une caractérisation physique objective de ce qui dans la lumière produit telle ou telle sensation colorée. C'est la construction du concept de longueur d'onde, construction qui occupe le troisième chapitre.

Le quatrième chapitre traite de l'analyse des phénomènes de la couleur (interférences, diffraction etc.) dans le cadre des différentes théories de la lumière.

Le cinquième et dernier chapitre montre, cursivement, en quel sens il a été nécessaire, après les travaux de Newton, de reprendre à nouveaux frais une théorie de la perception des couleurs.

Chapitre I

LES COULEURS ENTRE LUMINOSITÉ ET OBSCURITÉ

La problématique aristotélicienne

Au couchant, lorsque le soleil disparaît lentement derrière l'horizon et s'efface parmi les nuées, le ciel se colore diversement avant que la nuit progressivement tombe. Entre la luminosité du jour et l'obscurité de la nuit, le ciel, à l'horizon, s'enchante de multiples couleurs. Ne seraient-elles donc pas qu'une sorte de lumière affaiblie, qu'une lumière obscurcie ?

Aristote (384-322/21 av. J.-C.) incline à le penser. Il soutient en effet dans les *Météorologiques*, reprenant pour l'essentiel les idées de ses contemporains ou de ses prédécesseurs, que la couleur est due à un affaiblissement de la lumière ou de la vue (suivant la théorie des rayons visuels, ordonnée autour de la question du voir, les yeux émettent un rayon qui va à la rencontre des objets et permet la vision) résultant, soit de sa réflexion ou de sa réfraction (les deux phénomènes sont un peu embrouillés chez Aristote et de façon plus générale dans l'Antiquité), soit de la distance à laquelle celle-ci est transmise, soit encore de la faiblesse de la vue.

Ainsi le soleil paraît rouge lorsqu'une sombre fumée ou une bruine s'interpose entre son disque brillant et notre œil.

De même, les rayons traversant l'eau se trouvent affaiblis, mais l'atténuation étant plus importante que celle provoquée par la bruine, la lumière résultant se trouve si débile qu'elle prend une teinte bleu-vert.

Ainsi, et en paraphrasant Aristote, on peut dire que lumière et obscurité lorsqu'elles sont mélangées produisent les autres couleurs. Le rouge, l'écarlate, contient plus de blanc et moins de noir que les autres couleurs ; le vert a plus de noir et moins de blanc. Ces considérations équivalent à dire que lorsque la lumière devient plus faible ou plus noire, ou sombre, la succession des couleurs est produite :

> À toutes ces remarques, on ne doit pas omettre d'ajouter encore celle-ci. Quand il arrive à un nuage d'être près du soleil, et qu'on le regarde, il n'apparaît pas du tout comme coloré, mais bien comme blanc ; si, par contre, on considère ce même nuage dans l'eau, il présente quelque trace de la couleur de l'arc-en-ciel. Ce fait montre bien que, quand elle est réfléchie, la vue est plus faible, et que, de même qu'elle fait paraître le sombre plus sombre, ainsi elle fait paraître le blanc moins blanc, et le tire vers le noir. Ainsi, la vue plus forte change [la couleur blanche] en couleur rouge ; celle qui suit, en vert ; plus faible encore, en pourpre. Au-delà, aucune couleur n'est plus visible[1].

Les points fondamentaux de la théorie aristotélicienne dans *Les Météorologiques* sont donc :

- premièrement, les couleurs résultent d'une modification de la lumière pure et blanche initiale ;
- deuxièmement, Aristote, en identifiant la force de la lumière ou de la vue avec son éclat, interprète cette modification comme une atténuation ou un affaiblissement. Une couleur est une lumière moins éclatante et plus noire ou, cela étant équivalent, une lumière affaiblie ;

1. *Les Météorologiques*, trad. J. Tricot, Vrin, 1976, 374b 23 – b 33.

- troisièmement, toutes les couleurs se répartissent suivant une échelle entre les deux extrêmes, le blanc et le noir, ou la luminosité et l'obscurité.

Par conséquent, lorsque la force de la lumière décline et que l'obscurité s'accroît, apparaissent donc successivement toutes les couleurs engendrant ainsi une échelle étalée entre les deux extrêmes, le blanc et le noir, où chacune d'entre elles trouve sa place, place dont cette première forme de la théorie de la modification rend compte, pour le moins arbitrairement, en s'inspirant des données de la perception la plus immédiate et la plus subjective.

De quel droit peut-on inférer que le bleu est une couleur plus affaiblie et moins éclatante ou contenant plus d'obscurité que le rouge si ce n'est en se référant directement aux impressions reçues par nos sens ? En fait, les concepts de blanc et de noir, de luminosité et d'obscurité, de mélange et d'affaiblissement, ne donnant prise à aucune procédure objective de mesures, il s'ensuit nécessairement que cette théorie ne pourra jamais être soumise à un quelconque traitement mathématique.

Il n'en reste pas moins qu'Aristote, sur cette base conceptuelle, se propose de rendre compte de la genèse et de la position des couleurs de l'arc-en-ciel. Ces dernières, pour lui, sont au nombre de trois : le rouge, le vert et le violet (pourpre). Cette théorie trichromique est fondée sur des considérations mystiques, arithmétiques et expérimentale mais Aristote admet également que d'autres couleurs puissent être obtenues, soit par mélange, soit par contraste (comme l'orangé dans l'arc-en-ciel).

Cela étant, Aristote, expliquant la formation de l'arc-en-ciel par la réflexion et introduisant corrélativement, sous divers aspects, un affaiblissement progressif de la vue, parvient à rendre compte des positions et de la genèse des diverses couleurs. Ainsi dans le cas du premier arc (voir photographie d'un arc-en-ciel sur la troisième de couverture) :

> La bande extérieure du premier arc est écarlate, car c'est la plus grande bande qui réfléchit le mieux la vue vers le soleil, et la plus grande bande est la bande extérieure ; la bande suivante et la troisième se comportent de façon analogue. Par conséquent, si les principes que nous avons posés au sujet de l'apparition des couleurs sont bien exacts, l'arc-en-ciel a nécessairement trois couleurs et pas davantage[1].

Puis, dans le cas du deuxième arc, en insistant sur la faiblesse croissante de la vue, Aristote précise :

> La même cause explique le double arc-en-ciel et l'affaiblissement des couleurs dans l'arc enveloppant, ainsi que leur ordre inversé. La vision se fait ici de la même façon que lorsque la vue, s'étendant à une grande distance, voit les objets éloignés. Ainsi la réflexion qui vient de l'arc-en-ciel extérieur est plus faible, parce qu'elle se fait d'une plus grande distance et tombe moins fortement sur le soleil, et ainsi les couleurs semblent plus pâles. D'autre part, l'ordre des couleurs est inversé (dans l'arc-en-ciel extérieur), parce que la réflexion tombe plus fortement sur le soleil à partir de la circonférence plus petite, autrement dit la circonférence intérieure. Car, étant plus près de notre vue, la réflexion part de la circonférence qui est la plus rapprochée du premier arc-en-ciel. Or, de l'arc-en-ciel extérieur, la plus petite bande est celle qui est la plus rapprochée de nous, de sorte qu'elle sera de couleur écarlate ; et pour la seconde et la troisième, les choses se passeront de façon analogue[2].

Parallèlement, à la présentation de sa théorie des couleurs et de l'arc-en-ciel, Aristote mentionne un certain nombre de phénomènes apparentés l'illustrant et la consolidant, se rapportant plus particulièrement à divers aspects relatifs à l'affaiblissement de la vue. Il donne, par ailleurs, quelques exemples de situation

---

1. *Ibid.*, 375a 2 – 6.
2. *Ibid.*, 375a 30 – b 9.

dans lesquels des arcs-en-ciel peuvent apparaître (rames soulevées, eau jetée en gouttelettes).

Loin de tomber dans l'oubli, cette théorie, enracinée dans l'expérience sensible et dans laquelle la lumière blanche est considérée comme pure et homogène tandis que les couleurs, caractérisées par leur éclat ou leur force, naissent d'une modification (atténuation ou obscurcissement) de la lumière incidente ou de la vue, va connaître, sous des formes diverses, une extraordinaire fortune jusqu'au XVIIe siècle dans le contexte de l'explication du phénomène de l'arc-en-ciel et des couleurs observées avec les pierres cristallines transparentes ; elle constituera également, comme nous le constaterons, la charpente sous-jacente aux théories mécanistes pré-newtoniennes.

En outre, les conceptions d'Aristote sur la lumière et les couleurs ne présentent pas une parfaite unité. Ainsi dans *De anima* et *De Sensu*, la théorie de la lumière se fonde sur la notion de diaphane, nature inhérente à deux des quatre éléments l'air et l'eau. La lumière sera « l'acte du diaphane en tant que diaphane[1] » et, c'est par la présence de l'élément igné (feu, soleil, corps céleste) que s'accomplira le passage à l'acte. Quant à la couleur, elle n'est visible que dans la lumière parce que son essence est de mettre en mouvement le diaphane en acte. Ainsi, dans ces deux textes et principalement dans *De Sensu*, les couleurs apparaissent comme « la limite du diaphane dans un corps de forme déterminée[2] ». Tandis que, dans *Les Météorologiques*, comme nous l'avons vu précédemment, la couleur est due à un affaiblissement de la lumière traversant un milieu opaque et se mélangeant à son obscurité. Cette légère inconsistance, qui assimile plus ou moins la lumière à un quelque chose susceptible de modification dans *Les Météorologiques*, n'affecte pas directement la théorie des couleurs d'Aristote, celles-ci dans

1. *De l'âme*, 418b, traduction É. Barbotin, Les Belles Lettres, 1966.
2. *De Sensu*, 439b.

chaque cas étant liées à un mélange intime de blancheur et de noirceur, mais elle sera la source des multiples discussions parmi les scolastiques sur la réalité des couleurs entre autres celles de l'arc-en-ciel. Les couleurs stables vues à la surface des objets sont-elles de même nature que celles plus ou moins éphémères et chatoyantes observées par exemple avec les pierres cristallines, les plumes de paon et l'arc-en-ciel ? Ce problème ne verra sa solution définitive qu'au XVIIe siècle avec le rejet de la classification des couleurs entre les réelles et les apparentes principalement par René Descartes et Robert Boyle.

Deux exemples permettent d'illustrer le sens et l'importance de la théorie aristotélicienne jusqu'au XVIIe siècle avant l'avènement de la philosophie mécaniste.

Ainsi, Giambattista della Porta (1535-1615) décrit ses expériences avec un prisme dans la proposition 26 de son *De Refractione Optices Parte Libri Novem* (Naples, 1558).

Dans son texte, Porta stipule clairement que les couleurs dépendent de l'épaisseur du cristal traversé par la lumière, c'est-à-dire du degré de subtilité ou de finesse de la matière : les couleurs les plus vives (le rouge et le jaune) apparaissent vers le sommet, et les plus sombres (le vert et le bleu) vers la base. Par ailleurs, d'après son schéma, la lumière ne semble subir aucune dispersion. C'est Francesco-Maria Grimaldi (1618-1663) qui signale de la façon la plus nette, pour la première fois, la dispersion d'un faisceau de lumière réfractée dans son gros livre *Physico-Mathesis de Lumine, Coloribus et Iride* (Bononiae, 1665). Ce livre est principalement connu pour la description qu'il donne des premières expériences concernant la diffraction. C'est en outre Grimaldi qui introduit le terme de diffraction (voir *infra* p. 102 *et sq.*).

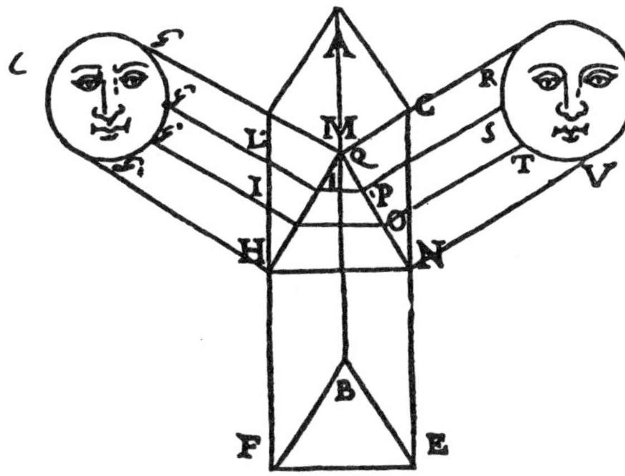

Figure 1
L'expérience du prisme dans le *De Refractione*
(Livre IX, proposition 26, p 223)

Une analyse tout à fait semblable à celle de Porta est donnée par Marco Antonio de Dominis (1566-1624) dans son *De Radiis Visus et Lucis in Vitris Perspectivis et Iride Tractatus* (Venetiis, 1611) :

> Nous pouvons dire qu'il y a trois couleurs intermédiaires. La première incorporation d'opacité qui assombrit d'une certaine quantité le blanc, engendre le rouge, et cette dernière est la plus lumineuse (*maxime lucidus*) des couleurs intermédiaires réparties entre les deux extrêmes, le blanc et le noir, comme cela apparaît de façon manifeste dans l'expérience du prisme (*in vitro oblongo triangulari*) ; les rayons du soleil qui pénètrent dans la partie la plus proche du sommet, dans celle qui a la moindre épaisseur et par là même le moins d'opacité, émergent rouge ; ensuite, pour une épaisseur plus importante, apparaît le vert, et enfin, le violet pour l'épaisseur maximale [...] et ainsi suivant l'épaisseur du verre, l'assombrissement augmente ou diminue [...] si l'opacité augmente apparaît le violet ou le bleu qui est la couleur la plus obscure (*maxime*

obscurus) des couleurs intermédiaires [...] Les autres couleurs résultent du mélange des précédentes[1].

Cette analyse permet à de Dominis, comme à de nombreux contemporains, de rendre compte de la genèse des couleurs de l'arc-en-ciel :

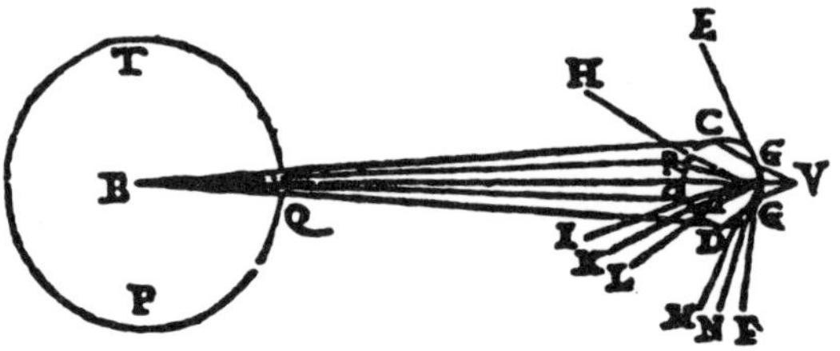

Figure 2
La formation du premier arc et du deuxième
(*De Radiis Visus et Lucis*, chapitre IV, p. 14)

Nous disons que le rayon GF est plus lumineux puisqu'il traverse la plus petite épaisseur de la goutte A, mais le rayon suivant GN est un peu plus obscur puisque son trajet est un petit peu plus important dans A, et alors le rayon GM est encore plus obscur puisqu'il traverse une épaisseur encore plus grande. C'est pourquoi GF sera rouge, GN vert, GM pourpre. Cela, les expériences le confirment[2].

1. Marco-Antonio de Dominis, *De Radiis Visus et Lucis in Vitris Perspectivis et Iride Tractatus*, Venetiis, 1611, §. 6, p. 9-10.
2. *Ibid.*, p. 56.

Les vicissitudes de la philosophie mécaniste

Au cours du XVIIe siècle le développement des théories physiques de la lumière et des couleurs est associé à l'avènement de la philosophie mécaniste et à la construction de modèles mécaniques c'est-à-dire de modèles reposant exclusivement sur la mise en œuvre des concepts de figure et de mouvement. Le principal protagoniste de ce type d'approche est sans conteste René Descartes. D'emblée la démarche de ce dernier s'inscrit dans le cadre d'une critique vigoureuse de la classification traditionnelle entre couleurs réelles et couleurs apparentes.

Pour Descartes, il n'y a aucune raison pour qu'une quelconque ressemblance existe entre la sensation, par exemple de couleur et, ce qui, dans la réalité extérieure, provoque cette sensation. Nous nous trompons donc complètement lorsque, percevant une couleur, nous identifions notre sensation avec quelque chose que nous supposons appartenir aux corps extérieurs. La sensation de la couleur, comme toutes les sensations, n'est que le résultat de mouvements locaux produits dans nos organes des sens et nos nerfs par d'autres mouvements locaux appartenant au monde extérieur. En conséquence, la distinction entre couleurs réelles et couleurs apparentes n'a plus aucun fondement :

> Et je ne saurais goûter la distinction des philosophes, quand ils disent qu'il y en a qui sont vraies, et d'autres qui ne sont que fausses ou apparentes. Car toute leur vraie nature n'étant que de paraître, c'est, ce me semble, une contradiction de dire qu'elles sont fausses et qu'elles paraissent[1].

Les sensations étant donc d'un point de vue général, attribuées par Descartes à des mouvements agissant sur les organes des sens, il lui faut répondre à deux questions d'ailleurs liées l'une à l'autre : quel est le type de mouvement attaché à la per-

1. Descartes, *Les Météores*, Leyde, 1637, p. 260-261.

ception des couleurs ? Qu'est-ce qui spécifiera chacune des couleurs et ainsi permettra de construire une échelle de couleurs ?

Descartes, en s'appuyant sur diverses comparaisons et analogies, dans *La Dioptrique* publiée avec *Les Météores* et *La Géométrie* en 1637 à la suite du *Discours de la Méthode,* assimile la lumière au mouvement, ou plus exactement à la tendance ou inclinaison au mouvement des boules de matière subtile remplissant tous les cieux. Il souligne alors que ces boules outre leur mouvement rectiligne, peuvent tourner sur elles-mêmes suivant certains rapports. C'est aux multiples mouvements de rotation ou plutôt de tendance à la rotation que Descartes rattache la sensation des couleurs. Dans *La Dioptrique,* la théorie cartésienne reste très schématique ; elle trouve sa pleine expression dans *Les Météores.*

Au Discours VIII des *Météores,* dans lequel Descartes s'interroge sur la formation de l'arc-en-ciel, il se trouve immédiatement confronté au problème des couleurs, d'autant qu'il reprend, afin de se donner la possibilité d'une étude expérimentale, les expériences bien connues depuis Dietrich de Freiberg à la fin du XIIIe siècle en particulier de la « grande fiole de verre toute ronde et fort transparente » remplie d'eau et traversée par un rayon de lumière solaire. Aussi, pour résoudre les multiples difficultés que présente l'étude des couleurs, Descartes a finalement :

> [...] cherché s'il n'y avait point quelque autre sujet où elles parussent en même sorte, afin que, par la comparaison de l'un et de l'autre, je pusse mieux juger de leur cause, puis me souvenant qu'un prisme ou triangle de cristal en fait voir de semblables [...]

C'est donc l'observation des couleurs produites par le prisme qui, comme pour ses contemporains et comme pour Newton, va servir de base à sa théorie.

Considérant alors un rayon de lumière solaire tombant perpendiculairement ou presque sur l'une des faces puis, ayant recouvert l'autre « d'un corps obscur dans lequel il y avait une ouverture assez étroite », Descartes observe les rayons émergents « s'allant rendre sur un linge ou papier blanc FGH, y peignant toutes les couleurs de l'arc-en-ciel ». Il tire quatre conclusions de ces expériences : premièrement, la courbure des gouttes d'eau n'intervient pas dans la production des couleurs puisque les deux surfaces du prisme sont planes. Deuxièmement, l'angle d'émergence des rayons n'a pas de rôle privilégié puisque celui-ci :

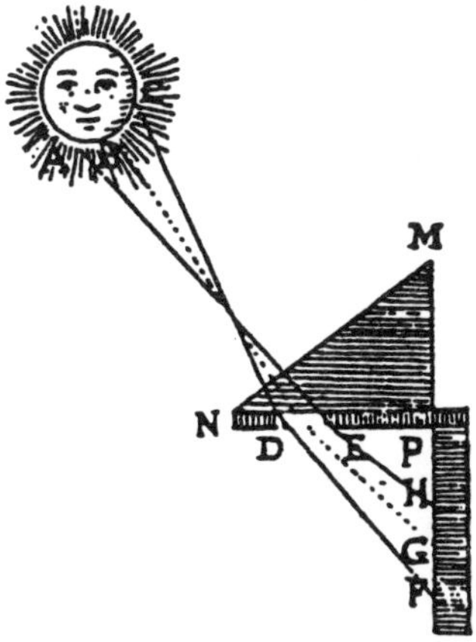

Figure 3
L'expérience cartésienne du prisme (*Les Météores*, p. 255)

> [...] peut être changé sans qu'elles changent, et bien qu'on puisse faire que les rayons qui vont vers F se courbent tantôt plus et tantôt moins que ceux qui vont vers H, ils ne laissent pas de peindre toujours du rouge et ceux qui vont vers H toujours du bleu.

Troisièmement, la multiplicité des réflexions et réfractions est inutile. Quatrièmement, Descartes observe que les couleurs ne sont produites qu'aux confins de l'ombre et de la lumière puisqu'en ôtant le corps opaque placé contre l'une des faces, les couleurs disparaissent :

> [...] et, outre cela, j'ai observé qu'il fallait de l'ombre, ou de la limitation à cette lumière ; car si on ôte le corps obscur qui est sur NP, les couleurs FGH cessent de paraître.

Le problème que doit résoudre Descartes est donc maintenant le suivant : pourquoi le rouge ainsi que le bleu apparaissent-ils toujours en des places déterminées sur les bords du spectre, alors que les paramètres de l'expérience, dégagés ci-dessus par Descartes, sont identiques pour les deux extrémités du rayon ; dans les deux cas, nous avons une seule réfraction et une même présence de l'ombre et de la lumière ?

> En suite de quoi, j'ai tâché de connaître pourquoi ces couleurs sont autres vers H que vers F nonobstant que la réfraction et l'ombre et la lumière y concourent en même sorte.

Si les différences de couleurs des extrémités du spectre ne sont pas attachées exclusivement aux paramètres introduits par Descartes, elles doivent donc être impliquées en partie par une modification intervenant à l'intérieur même de la lumière et liée à sa structure ; « la réfraction et l'ombre et la lumière concourent de même sorte » aux deux extrémités du rayon, mais les globules constitutifs de ce dernier, du fait de la traversée de la surface réfringente, vont acquérir un mouvement de rotation. Descartes revient donc aux hypothèses sur la nature de la lumière et de la couleur qu'il avait formulées dans la *Dioptrique* ; il repart dans les *Météores* de sa troisième comparaison :

> Et concevant la nature de la lumière telle que je l'ai décrite en la Dioptrique, à savoir comme l'action ou le mouvement d'une certaine matière fort subtile, dont il faut imaginer les parties ainsi que de petites boules qui roulent dans les pores des corps terrestres, j'ai connu que ces boules peuvent rouler en diverses façons, selon les diverses causes qui les y déterminent.

Descartes va donc maintenant combiner, d'une part, le mouvement de rotation acquis par les boules lors de la réfraction : « et en particulier, que toutes les réfractions qui se font vers un même côté les déterminent à tourner en même sens » avec d'autre part, l'action privilégiée de l'ombre dont la présence, comme Descartes l'a souligné, est nécessaire pour que les couleurs ne « cessent pas de paraître ».

Les diverses boules tournent donc après la réfraction toutes dans le même sens de telle sorte que :

> [...] lorsqu'elles n'ont point de voisines qui se meuvent notablement plus vite ou moins vite qu'elles, leur tournoiement n'est qu'à peu près égal à leur mouvement en ligne droite.

Par conséquent, la réfraction seule, n'engendrant qu'un mouvement de rotation pratiquement identique de toutes les boules dans le même sens et égal à leur mouvement en ligne droite, ne peut rendre compte de la diversité des couleurs. C'est maintenant que l'ombre, comprise comme une entrave au mouvement de rotation, va pouvoir jouer son rôle fondamental. Ainsi, les boules contiguës aux limites des zones d'ombre subiront deux altérations différentes de leur mouvement de rotation en fonction de leur situation aux extrémités du rayon lumineux :

> [...] au lieu que, lorsqu'elles (les boules) en ont d'un côté qui se meuvent moins vite, et de l'autre qui se meuvent plus ou également vite, ainsi qu'il arrive aux confins de l'ombre et de la lumière, si elles rencontrent celles qui se meuvent moins vite, du côté vers lequel elles roulent, comme font celles qui composent le rayon EH, cela est cause qu'elles ne tournoient pas si vite qu'elles se meuvent en ligne droite ; et c'est tout le contraire, lorsqu'elles les rencontrent de l'autre côté, comme font celles du rayon DF.

- Lorsqu'une boule tourne dans le sens des aiguilles d'une montre et se trouve être pressée par des boules inertes sur sa gauche (du côté de la zone d'ombre), la torsion entre les points A et B diamétralement opposés de la boule est accrue, d'autant que les boules de droite ne sont pas entravées dans leur progression rectiligne.

Par conséquent, sa propension à la rotation dans le sens des aiguilles d'une montre se trouve augmentée tandis que, corrélativement, la force de son mouvement rectiligne est diminuée.

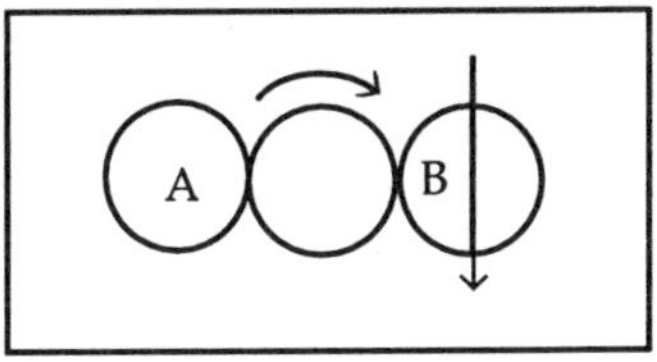

Figure 4

• Lorsque la boule tourne dans le sens des aiguilles d'une montre et se trouve être pressée par des boules inertes sur sa droite (du côté de la zone d'ombre), son mouvement de rotation sera entravé d'autant que les boules de gauche, de par leur progression rectiligne, tendent à diminuer son mouvement de rotation tout en rétablissant corrélativement celui en ligne droite.

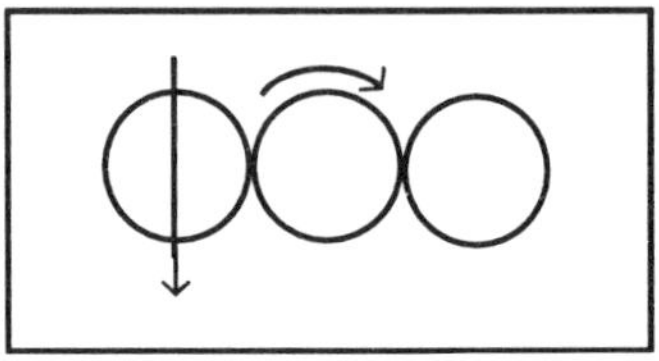

Figure 5

Par conséquent, la tendance de cette boule à progresser en ligne droite est supérieure à sa tendance à tourner sur elle-même. (On se représente assez facilement la conception de Descartes en imaginant que l'on fait rouler une boule entre les paumes de ses mains en déplaçant ces dernières d'un mouvement opposé de translation afin de produire une sorte de torsion ou de couple favorable ou non au mouvement initial de rotation). Quant aux boules intermédiaires, leur inclination à la rotation ou à la transmission en ligne droite dépend de leur position par rapport aux boules extrêmes contiguës aux zones d'ombre.

Descartes, après avoir étudié sur un modèle mécanique, dont nous venons d'essayer de circonscrire l'essentiel, les variations de la vitesse de rotation des boules suivant que celles-ci seront entraînées ou freinées par leurs voisines, du fait de la présence de l'ombre, peut conclure en transposant ces résultats du modèle mécanique à la matière subtile :

> Et il se démontre, ce me semble, très évidemment de tout ceci, que la nature des couleurs qui paraissent vers F ne consiste qu'en ce que les parties de la matière subtile, qui transmet l'action de la lumière, tendent à tournoyer avec plus de force qu'à se mouvoir en ligne droite ; en sorte que celles qui tendent à tourner beaucoup plus fort, causent la couleur rouge, et

celles qui n'y tendent qu'un peu plus fort, causent la jaune. Comme au contraire, la nature de celles qui se voient vers H ne consiste qu'en ce que ces petites parties ne tournoient pas si vite qu'elles ont de coutume, lorsqu'il n'y a point de cause particulière qui les en empêche ; en sorte que le vert paraît où elles ne tournoient guère moins vite, et le bleu où elles tournoient beaucoup moins vite.

Ainsi, la multiplicité des couleurs est la représentation subjective des différentes intensités des vitesses angulaires en rapport avec la vitesse linéaire acquise par les boules de la matière subtile, en raison du jeu de l'ombre et de la réfraction. Il faut néanmoins remarquer qu'un tel modèle mécanique est dénué de tout support quantitatif : comment pourrait-on mesurer la vitesse angulaire, ou du moins le rapport de la vitesse angulaire sur la vitesse linéaire de ces boules parfaitement inobservables et aux mouvements, d'ailleurs, hypothétiques ? Par conséquent, comment se fait-il que Descartes, indépendamment de toute détermination quantitative, puisse trouver, dans la correspondance établie entre la couleur perçue et la force avec laquelle les hypothétiques globules tendent à tourner, une explication satisfaisante ? Pourquoi estime-t-il avoir pleinement rendu compte de la genèse des couleurs en associant simplement, dans le cadre de son modèle mécanique, d'une part, le rouge avec les globules qui tendent à tourner avec le plus de force et, d'autre part, le bleu avec les globules qui tendent à tourner avec le moins de force ?

En fait, dénuées de tout support quantitatif, ces relations associant telle vitesse de rotation ou tel rapport de la vitesse de rotation à la vitesse de translation, à telle couleur, ne peuvent qu'être arbitraires, inspirées par la conceptualisation traditionnelle qui relie, comme Aristote nous l'a montré, la force avec la teinte rouge, la faiblesse ou la diminution de force avec la teinte bleue. C'est la correspondance entre l'intensité de la perception subjective (le rouge par son éclat nous affectant plus que le bleu) et la force de la propension au mouvement de rotation qui donne à cette explication, aux yeux de Descartes, toute son intelligibilité et toute sa légitimité.

Pour rendre encore plus évidente cette soumission de Descartes aux théories de la couleur d'inspiration aristotélicienne et scolastique, il suffit d'analyser le traitement cartésien du pourpre :

> Et ordinairement, aux extrémités de ce bleu, il se mêle de l'incarnat qui, lui donnant de la vivacité et de l'éclat, le change en violet ou couleur de pourpre.

Ainsi, aux yeux de Descartes, le « violet ou couleur de pourpre » possède une vivacité et un éclat incompatibles avec la faible tendance au mouvement de rotation des globules correspondant au bleu, ce qui conduit ce dernier à introduire dans son modèle mécanique des modifications directement inspirées par sa perception des couleurs. L'aspect subjectif de celle-ci est introduit à l'intérieur du modèle mécanique en jouant habilement avec les concepts de force et de faiblesse de la tendance au mouvement de rotation.

Le pourpre apparaît quand la combinaison des forces qui ralentit les globules produisant le bleu finit par engendrer sur certains une accélération de la rotation en sens inverse correspondant à du rouge. Cette soumission de la théorie des couleurs à l'aspect subjectif de leur perception est la grande faiblesse de la thèse cartésienne qui, à l'instar de la théorie d'Aristote affirmée dans *Les Météorologiques*, et dont elle reprend l'essentiel sous la forme d'un modèle mécanique, est incapable de nous fournir les bases quantitatives objectives nécessaires au développement d'une théorie mathématisée des phénomènes de la couleur.

Il en sera de même dans le modèle proposé par Robert Hooke, l'un des maîtres de Newton, en 1664 dans sa *Micrographia*. Ce dernier considère que la lumière est engendrée par un mouvement vibratoire de très faible ampleur des corps lumineux. Ce mouvement, transmis à travers un milieu homogène suivant des lignes droites ou rayons se déploie de telle sorte que chaque impulsion ou vibration du corps lumineux engendre une sphère ; il s'ensuit que toutes les parties de ces sphères, ondulant à travers le milieu homogène coupent les rayons à angle droit. Ainsi se trouve mise en place, d'une manière fort claire pour l'époque, la relation existant entre la direction de propagation et ce qui deviendra de façon plus précise avec Christiaan Huygens (1629-1695), dans son *Traité de la lumière* en 1690, la notion de front d'onde. C'est précisément cette partie de l'onde perpendiculaire à la direction de propagation qui permet, du point de vue de la philosophie mécaniste à Robert Hooke d'expliquer la genèse des couleurs d'en rendre compte rationnellement : les différentes couleurs sont engendrées par un affaiblissement différencié des bords extérieurs de l'onde devenue suivant Hooke, oblique au cours de la réfraction ; la pointe émoussée correspond au bleu, la partie antérieure au rouge.

Les diverses théories que nous venons plus ou moins cursivement de présenter et d'analyser ne sont donc que des traductions en termes mécaniques de l'ancienne théorie de la modification, théorie dans laquelle, comme nous l'avons déjà souligné, la lumière blanche est considérée comme pure et homogène tandis que les couleurs, caractérisées par leur éclat ou leur force, naissent d'une modification ou d'un trouble (affaiblissement, obscurcissement) de la lumière incidente.

En dépit de leurs apports sur le plan de la compréhension des phénomènes de la couleur (en particulier la critique de la distinction entre les couleurs réelles et les apparentes), ces théories n'ont pas pu conduire à une science mathématisée des phénomènes de la couleur.

Comment une théorie mathématisée des phénomènes de la couleur a-t-elle donc été édifiée ?

Chapitre II

LES LUMIÈRES MONOCHROMATIQUES

Newton : le fait général de la multiplicité des lumières homogènes ou monochromatiques

Alors que l'épidémie de peste qui va ravager l'Angleterre jusqu'à l'incendie de Londres en 1666 conduit à la fermeture de l'Université, Newton mène dans son Lincolnshire natal ses premières recherches sur la lumière et les couleurs. Celles-ci apparaissent dans des Carnets de notes rédigés principalement en 1664 et 1666. À cette époque, les théories de la genèse des couleurs invoquent encore très largement sur la base de modèles mécaniques les thèses aristotéliciennes. Celles-ci, comme nous l'avons vu avec Descartes et Hooke, considèrent la lumière blanche comme pure et homogène tandis que les couleurs, caractérisées par leur éclat ou leur force, naissent d'une modification (atténuation ou obscurcissement) de la lumière incidente. La succession des couleurs est produite lorsque la lumière devient plus faible ou plus sombre : le rouge, couleur éclatante, par excellence contient plus de blanc et moins de noir que les autres couleurs, le vert plus de noir et moins de blanc que le rouge et le violet encore plus de noir. Une telle approche, dénuée de tout support quantitatif susceptible de préciser le sens des concepts de force et de faiblesse, d'obscurité et de luminosité, ne trouve son fondement, son intelligibilité qu'en se référant directement aux impressions perçues par nos sens, à la manière dont subjectivement nous nous sentons affectés par telle ou telle couleur.

Ce cadre explicatif mécaniste qui fonde son intelligibilité sur des considérations subjectives fournit également le terreau dans lequel vont pouvoir s'enraciner les recherches initiales de Newton.

Il les commence en 1664, par des expériences, dites aujourd'hui d'iridescence, inspirées par l'idée que les couleurs naissent de la lumière et de l'obscurité, à l'occasion desquelles, observant à travers un prisme deux bandes contiguës l'une claire et l'autre sombre, il constate la présence de diverses colorations dans la zone de contact. Puis, guidé par une conception corpusculaire de la lumière, il parvient en 1665 à une interprétation qui associe un modèle hétérogène de la lumière blanche (les corpuscules constituant les rayons incidents possèdent soit des vitesses soit des masses de grandeurs différentes) et un processus de la genèse des couleurs qui se situe dans le prolongement direct de la version mécaniste des théories traditionnelles de la modification. À cette date la position de Newton reste donc très classique, du point de vue de la genèse des couleurs. Il s'attache d'ailleurs encore à l'automne 1665, comme ses contemporains, à tailler des verres de forme autre que sphérique pour résoudre le délicat problème de l'achromatisme des lentilles : on supposait alors que des verres de forme autre que sphérique pourraient remédier à ce défaut.

Au début de l'hiver 1666, Newton est cependant en possession de l'essentiel de sa théorie. C'est donc entre ces deux périodes qu'il a conçu son hypothèse définitive : il n'y a pas de surface susceptible de permettre à tous les rayons de converger en un foyer, c'est-à-dire qu'il n'y a pas de telle surface si la lumière est un mélange hétérogène de rayons différemment réfrangibles. Cette nouvelle hypothèse va constituer, pour Newton, un guide privilégié ouvrant la voie à une étude renouvelée des phénomènes de la lumière et des couleurs.

Newton reprend en premier lieu certaines des expériences de Robert Boyle contenues dans ses *Experiments and Considerations Touching Colours* (Londres, 1664). Ses comptes rendus expérimentaux comparés à ceux donnés par Boyle d'expériences identiques sont très instructifs. Boyle, après avoir indiqué qu'une feuille d'or très fine apparaissait comme « pleine de pores », décrit le changement de couleur observé lors de la transmission de la lumière :

> Mais la lumière qui traversait ces pores était, lors de son passage, si tempérée par de l'ombre et modifiée que l'œil ne discernait plus une couleur or, mais une couleur bleu-vert.

Quant à Newton, il écrit :

> [...] les rayons réfléchis par une feuille d'or sont jaunes mais ceux qui sont transmis sont bleus comme cela apparaît en tenant une feuille d'or entre l'œil et une chandelle.

La comparaison de ces comptes rendus souligne une différence radicale dans les perceptions du même phénomène par les deux savants. Si Newton perçoit des rayons réfléchis jaunes et des rayons transmis bleus, Boyle perçoit dans la lumière transmise non pas des rayons d'une nature spécifique, mais de la lumière blanche modifiée et altérée dans sa nature par un mélange d'ombre. Boyle et Newton ne voient plus la même chose lorsqu'ils observent leurs feuilles d'or. De telles remarques pourraient être multipliées, mais c'est en décrivant les résultats fondamentaux de ses travaux sur le prisme que Newton rompt de la façon la plus nette avec les analyses classiques. En 1666 donc, Newton renouvelle totalement l'expérience du prisme en ce sens que, contrairement à ses contemporains, il se place systématiquement dans une pièce sombre, utilise un diaphragme pour limiter le faisceau incident de lumière solaire, installe le prisme dans une position correspondant au minimum de déviation, place l'écran à une grande distance du prisme, observe une tache spectrale d'une forme bien déterminée. Des conditions expérimentales aussi bien définies et éloignées des pratiques usuelles des contemporains soulignent la spécificité de l'expérience newtonienne du prisme et la nouveauté du regard de Newton. Loin d'être celle d'où aurait été déduite, comme on a l'habitude de le croire, toute la théorie, l'expérience du prisme apparaît bien plutôt comme une expérience mise en place pour développer l'hypothèse formulée antérieurement concernant la réfrangibilité spécifique des différents rayons. L'expérience du prisme au sens newtonien est une expérience construite et non donnée. Le regard, à présent porté sur la lumière et les couleurs par Newton inaugure, à proprement parler, le nôtre.

C'est en 1672 que Newton, alors qu'il vient d'être nommé fellow de la Royal Society pour son télescope à réflexion – il sait maintenant que la taille des verres est inutile pour résoudre les problèmes de l'achromatisme –, rédige sa célèbre lettre à Henry Oldenburg alors secrétaire de la Royal Society. Cette lettre, présentée aux membres de cette assemblée à la séance du 8 février 1672 puis publiée dans le numéro 80 du 19 février des *Philosophical Transactions* (p. 3075-3087), constitue le véritable texte fondateur de la théorie newtonienne de la lumière et des couleurs. Il restera jusqu'en 1704 date de publication de *l'Opticks*, le seul exposé complet de sa pensée.

Sans entrer dans le détail de cette lettre, qui donne une refonte dans un style d'inspiration très baconien, requis par les membres de la Royal Society, des travaux que nous venons de présenter, Newton y formule sa théorie, sous sa forme définitive en s'appuyant sur son *Experimentum crucis*. Il va sans dire que le style de cette lettre associé à la mise en place de l'*Experimentum crucis* aidera fortement à créer l'image d'un Newton dont les acquis semblent résulter de la saisie d'un pur fait d'expérience comme s'il lisait directement les secrets de la nature.

Dans cet *Experimentum crucis* Newton utilise deux prismes et deux planches percées. Le premier prisme est placé à proximité du trou pratiqué dans le volet de la fenêtre. Les rayons émergeant de ce prisme, produisant le spectre, passent par un petit trou réalisé dans l'une des deux planches, placée juste derrière le prisme. À 12 pieds de cette dernière, Newton fixe la deuxième planche percée également d'un trou et derrière laquelle il installe le deuxième prisme. Ce dernier peut ainsi recevoir les rayons émergeant du premier prisme. Par la rotation de ce dernier autour de son axe, tout en maintenant fixes les deux planches et le deuxième prisme, les rayons de telle ou telle espèce émergeant du premier prisme sont amenés en face du premier trou. Cela étant, seul le faisceau joignant les deux trous dans les deux planches et dont la direction, par conséquent, est constante, tombe sur le deuxième prisme (chaque faisceau parvient ainsi sous la même incidence au deuxième prisme). De cette façon, Newton peut observer sur le mur les diverses taches colorées correspondant aux divers rayons réfractés par le deuxième prisme, et constate alors que les plus réfractés (ou les moins réfractés) par le premier prisme sont encore ceux qui le sont le plus (ou le moins) par le deuxième prisme :

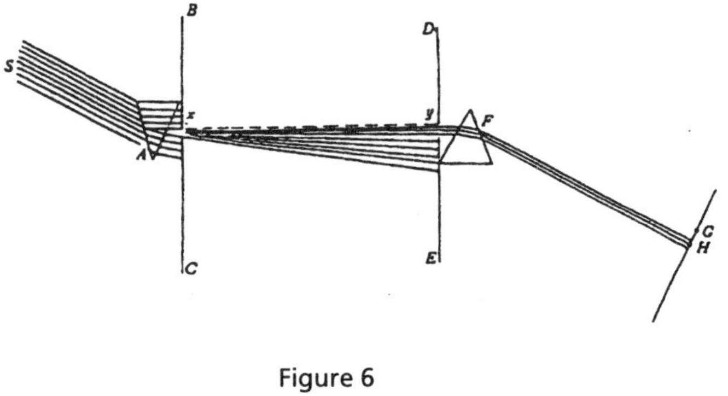

Figure 6

> Et je vis, par les différentes positions de ces lieux, que la lumière tendant vers cette extrémité de l'image vers laquelle la réfraction du premier prisme avait lieu, subissait vraiment dans le second prisme une réfraction beaucoup plus importante que la lumière tendant vers l'autre extrémité.

Là-dessus, Newton conclut que la lumière blanche est constituée de rayons différemment réfrangibles :

> Et ainsi nous décelâmes que la véritable cause de la longueur de cette image n'était pas autre chose que celle-ci, à savoir que la lumière se composait de rayons différemment réfrangibles qui, sans égard à la différence de leurs incidences, étaient suivant leur degré de réfrangibilité transmis vers diverses parties du mur.

Dans la deuxième partie de sa lettre de 1672, Newton remarque que l'*experimentum crucis* montre que les rayons traversant le deuxième prisme conservent tout aussi bien leur couleur que leur degré de réfrangibilité. À chaque couleur correspond un certain degré de réfrangibilité de telle sorte qu'entre la réfrangibilité et la couleur s'instaure une relation biunivoque. Par conséquent, corrélativement à leurs différences dans leurs degrés de réfrangibilité, les rayons diffèrent « dans leur disposition à présenter telle ou telle couleur particulière ». Ainsi Newton peut conclure que :

> [...] les couleurs ne sont pas des qualifications de la lumière dérivées de réfractions ou de réflexions sur les corps naturels (comme on le croit en général), mais des propriétés originelles et innées différentes suivant les rayons [...]

de la même façon que le sont leurs degrés de réfrangibilité. Puis Newton établit que la couleur ou le degré de réfrangibilité d'un rayon donné sont inaltérables, soit par réfraction, soit par réflexion, soit encore « d'aucune autre façon que j'ai pu jusqu'à présent étudier ». Il n'en reste pas moins que des « transmutations apparentes de couleurs peuvent se produire là où s'opère tout mélange de rayons de diverses natures ». En fait, il y a deux sortes de couleurs : « les couleurs simples et primitives d'une part, leurs mélanges d'autre part ». Les couleurs primitives ou primaires étant :

> [...] le rouge, le jaune, le vert, le bleu, un violet pourpre, avec aussi l'orange, l'indigo et une variété indéfinie de nuances intermédiaires.

Parmi tous les mélanges « la composition la plus surprenante et la plus extraordinaire est celle du blanc ». Cette couleur est, de toutes celles obtenues par mélanges, la plus complexe puisque son analyse par le prisme fournit toutes les couleurs du spectre. Afin d'illustrer ce résultat, Newton imagine une expérience permettant de recomposer la lumière blanche à partir de la lumière dispersée par un prisme. Pour cela, il place une lentille convergente sur le trajet des rayons émergeant du prisme et observe que :

> [...] la lumière ainsi reproduite était entièrement et parfaitement blanche, ne différant pas du tout de façon sensible de la lumière directe du soleil, sauf lorsque les verres que j'employais n'étaient pas suffisamment clairs, car dans ce cas, ils la modifieraient quelque peu vers leur couleur.

Il conclut en affirmant que :

> [...] de cela, par conséquent, il s'ensuit que le blanc est la couleur normale de la lumière ; car la lumière est un agrégat complexe de rayons dotés de toutes sortes de couleurs, qui sont dardés de façon désordonnée des différents points des corps luminescents.

Dans cette dernière proposition, la thèse de l'hétérogénéité prend sa forme définitive, et l'interprétation de l'*experimentum crucis* acquiert toute sa force. Puisqu'à chaque degré de réfrangibilité correspond une couleur déterminée, par conséquent, les rayons susceptibles d'engendrer telle ou telle sensation de couleur et préalablement mélangés dans la lumière blanche sans perdre leur spécificité, sont, par le prisme, simplement :

> [...] séparés et dispersés suivant leurs inégales réfractions sous une forme oblongue dans une succession ordonnée allant du rouge vif le moins réfracté au violet le plus réfracté.

Dans ce texte de 1672, comme dans l'*Optique* de 1704, Newton introduit l'idée d'un nombre indéfini de lumières homogènes où prédominent sept tonalités principales. Chaque rayon se trouve caractérisé, non pas par une impression subjective, mais par un degré de réfrangibilité de telle sorte qu'il est possible sur la base de la mesure de ces degrés de réfrangibilité de construire une échelle quantitative des rayons colorés, c'est-à-dire des rayons qui engendrent telle ou telle sensation de couleur, et ainsi, de parvenir à la mathématisation des phénomènes de la couleur (arc-en-ciel, lames minces). Newton peut ainsi expliquer pour quelles raisons telle ou telle couleur apparaît en tel ou tel endroit dans le ciel, s'il s'agit par exemple d'un arc-en-ciel, en revanche il ne dit pas dans ce cadre théorique en quoi dans sa nature le rouge diffère du bleu, ni *a fortiori* comment s'effectue la perception des couleurs.

À l'issue de ce travail expérimental se trouve établi, non pas comme le laisse entendre Newton l'hétérogénéité en réalité indécidable (voir *infra* p. 77 *et sq.*), de la lumière blanche mais le fait de la multiplicité des rayons différemment réfrangibles tel qu'à chaque degré de réfrangibilité corresponde une couleur donnée ; ou de façon plus concise, le fait de la multiplicité des lumières homogènes ou monochromatiques. Quelle est la nature de ce fait de la multiplicité des lumières homogènes ?

Ce fait, à partir duquel tous les phénomènes de la lumière et des couleurs vont être maintenant interprétés, présente un intérêt épistémologique tout particulier. D'une part, même s'il peut apparaître au physicien moderne comme une donnée quasi immédiate de l'expérience, ce n'est là qu'une simple impression produite par trois siècles d'utilisation et de confirmations successives dissimulant en réalité son origine hypothétique et conjecturale (voir *supra* p. 24) ; d'autre part, ce fait n'est établi qu'avec l'aide de l'*Experimentum crucis* qui, pour sa part, n'est construit que dans la perspective de fournir un moyen indirect pour saisir cette réalité non immédiatement perçue que constitue la multiplicité des lumières homogènes.

Ainsi, la démarche, par laquelle ce fait qui n'a pas d'existence au niveau des objets de la réalité immédiate est établi ou pour mieux dire construit, relève pour sa plus grande part du raisonnement, même si le recours à l'expérience est fondamental. À la réalité immédiatement perçue que s'efforçaient de décrire les théories traditionnelles, Newton a substitué un fait général qui va devenir le véritable objet dont traitera la science de la genèse des phénomènes de la couleur, son véritable point d'enracinement.

La mathématisation des phénomènes de la couleur

Cette mathématisation repose, comme nous le suggérions plus haut, d'abord sur la détermination de la réfrangibilité des différentes espèces de lumières homogènes dans le cas, par exemple, du passage verre-air. Newton détermine la réfrangibilité des rayons extrêmes à l'occasion de la rédaction du Théorème VI de la septième proposition du livre premier de l'*Opticks* de 1704 relative à la construction des télescopes.

Les résultats obtenus marquent l'originalité de la théorie newtonienne : l'essentiel pour Newton ce n'est pas tant de dire, comme le souhaite par exemple Huygens, « ce que c'est que la couleur dans ces rayons » (lettre de Huygens à G. W. Leibniz en date du 29 mai 1694), mais bien plutôt d'être en mesure de prédire mathématiquement le lieu où telle ou telle couleur doit apparaître. C'est un autre questionnement, mais un questionnement qui ouvre la voie à la mathématisation des phénomènes de la couleur. Newton s'en explique d'ailleurs très clairement dans une lettre à Henry Oldenburg en date du 3 avril 1673 :

> [...] je n'ai jamais eu l'intention de montrer en quoi consistent la nature et la différence des couleurs, mais seulement de montrer que *de facto* ce sont des qualités originelles et immuables des rayons qui les présentent, et de laisser à d'autres le soin d'expliquer la nature et la différence de ces qualités par des hypothèses mécaniques ; ce que je considère comme n'étant pas une chose bien difficile. Mais je ne voudrai pas que l'on comprenne que leur différence consiste dans la différence de réfrangibilité de ces rayons. Car cette différence de réfrangibilité ne conduit à la production des diverses couleurs qu'en séparant les rayons[1] [...]

Cette séparation des rayons et leur caractérisation par un indice rend alors possible la constitution d'une théorie mathématisée des phénomènes de la couleur comme par exemple, de l'arc-en-ciel ou des lames minces.

• L'arc-en-ciel

Dans la lettre adressée à Oldenburg, lue à la séance de la Royal Society du 8 février 1672, Newton présente, sur la base de sa nouvelle conception de la lumière le cadre général de son explication du phénomène de l'arc-en-ciel. Cependant, il ne fournit que fort peu de détails et aucun calcul :

> 10. Pourquoi les couleurs de l'arc-en-ciel apparaissent-elles à travers les gouttes de pluie ? Cela devient tout aussi évident. Car ces gouttes d'eau, qui réfractent en grand nombre les rayons susceptibles d'apparaître pourpre à l'œil de *l'observateur, réfractent en petit nombre les autres sortes de rayons, de telle sorte* qu'ils disparaissent à côté des premiers ;

---

1. *The Correspondence of Isaac Newton*, édité par H. W. Turnbull, J. F. Scott, A. R. Hall et L. Telling, 7 vol., Cambridge University Press, 1959-1977, vol. 1, p. 264.

> et telles sont les gouttes constituant l'intérieur du premier arc et l'extérieur du deuxième ou arc externe. De même, les gouttes qui réfractent la plus grande quantité des rayons susceptibles d'apparaître rouge à l'œil de l'observateur, réfractent ceux des autres sortes en telle quantité qu'ils disparaissent à côté des premiers ; et telles sont les gouttes de la partie extérieure du premier arc et de la partie intérieure du deuxième arc[1].

Puis Newton garde le silence sur le problème de l'arc-en-ciel jusqu'à l'édition de son *Opticks* en 1704. Dans cet ouvrage, l'exposition de la théorie et du développement mathématique n'occupent qu'une place assez réduite. En fait, Newton avait déjà exposé sa théorie à l'occasion des cours donnés à Cambridge en 1669-1671 et publiés de façon posthume sous le titre de *Lectiones Opticae* en 1729 (réédition dans le volume I des *Optical Papers of Isaac Newton,* Cambridge University Press, 1984).

Dès les premières lignes de la proposition neuvième du livre premier de l'*Opticks,* Newton rappelle que le principe de l'explication de l'arc-en-ciel repose sur l'idée que ce dernier « est produit par les rayons solaires réfractés et réfléchis dans les gouttes de pluie ». Cette idée fut, comme le souligne Newton, pleinement développée par Marco-Antonio de Dominis (1566-1624) et par René Descartes ; mais comme ces deux auteurs « ignoroient l'un et l'autre la véritable origine des couleurs », il importe donc de « reprendre l'examen » de la question de l'arc-en-ciel.

Si effectivement, Descartes n'a pas été capable de rendre compte de la position respective des couleurs dans les arcs, ses travaux ont cependant montré que l'apparition des arcs correspond à une situation d'extrema ; il introduisait ainsi, de façon implicite, le concept de rayons efficaces (ensemble de rayons qui, émergeant presque tous parallèles des gouttes, engendrent une plus grande luminosité dans les parties considérées du ciel, à savoir les arcs).

---

1. *Ibid.*, p. 99.

Newton s'engage tout d'abord dans un délicat calcul de géométrie infinitésimale visant à déterminer les caractéristiques géométriques associées aux trajets des fameux rayons efficaces.

🕮 Calcul de la déviation D

Sans entrer dans le détail du calcul newtonien présenté dans les *Lectiones Opticae*, nous pouvons en rappeler, dans un langage modernisé les principaux éléments.

** cas du premier arc*

Figure 7

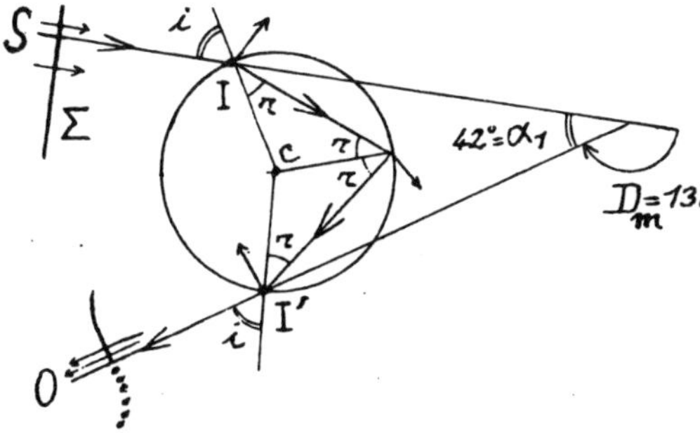

Considérons un rayon lumineux S qui rencontre une goutte de pluie en I, il se réfracte suivant la direction IR pour se réfléchir (réflexion partielle) suivant RI' puis se réfracte à nouveau suivant I'O. Il s'ensuit immédiatement que le rayon incident a subi 3 déviations dans le même sens : par réfraction 2 (i – r) et par réflexion (180 – 2r). Au total D = 180 + 2i – 4 r.

** cas du deuxième arc*

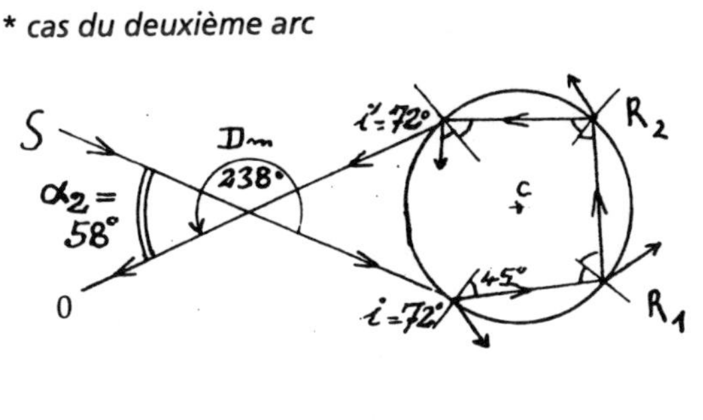

Figure 8

Considérons un rayon lumineux qui rencontre une goutte de pluie en I, il se réfracte suivant la direction IR1 puis se réfléchit successivement en R1 et en R2 et finalement émerge après réfraction suivant l'O. Il s'ensuit immédiatement que le rayon incident a subi 4 déviations dans le même sens : par réfraction 2 (i – r) et par réflexion (360° – 4r). Au total D = 360 + 2i – 6 r.

* *cas général*

Dans la situation où le rayon incident subit k réflexions internes et k + 2 déviations dans le même sens, la déviation D est donnée par : D = 2 (i – r) + k (180 – 2r)

* *recherche du minimum Dm*

La déviation D calculée précédemment passe par un minimum Dm obtenue pour une valeur i_m de i et en sachant que sin i = n sin r.

Par le calcul la dérivée $\frac{dD}{di}$ s'annule pour $\cos^2 i_m = \frac{n^2 - 1}{k^2 + 2k}$.

D'où il suit pour k = 1 : $\cos i_m = \sqrt{\frac{n^2 - 1}{3}}$;

et pour k = 2 : $\cos i_m = \sqrt{\frac{n^2 - 1}{6}}$

Il est alors aisé connaissant n et k d'en déduire la valeur de i_m puis celle de D et d'obtenir ainsi la valeur de l'ouverture des différents arcs.

Newton parvient à l'issue de ces calculs de géométrie infinitésimales à l'expression de la valeur limite de l'angle d'incidence correspondant à l'ouverture du premier arc-en-ciel :

$\cos i = \sqrt{\frac{n^2 - 1}{3}}$ (n étant l'indice de réfraction du milieu).

Il apparaît clairement que l'expression de cette valeur limite dépend, par l'intermédiaire de n, du degré de réfrangibilité de chaque couleur :

> [...] observons encore que les rayons différemment réfrangibles, ayant des angles différemment limités, sortiront (suivant

> leur degré de réfrangibilité) en plus grand nombre de différents angles : alors séparés les uns des autres, ils paroitront chacun sous leur propre couleur[1].

Chaque couleur ayant un degré donné de réfrangibilité correspond donc à un ensemble précis de rayons efficaces engendrant pour l'observateur un arc de telle ou telle couleur ; il est donc aisé maintenant, sur la base de la valeur de cos i, de calculer les positions respectives de chacune des couleurs, provenant de gouttes différentes, dans le cas du premier arc. Pour les arcs d'ordre supérieur, l'ensemble des raisonnements est très similaire à ceux concernant le premier. Newton parvient à l'expression générale de la valeur limite du cosinus de l'angle d'incidence correspondant aux ouvertures des divers arcs :

$\cos i = \sqrt{\dfrac{n^2 - 1}{k^2 + 2k}}$ (k représente le nombre de réflexions internes).

En outre, la largeur des arcs colorés devient également l'objet d'une détermination quantitative précise tenant compte du diamètre apparent du soleil.

Si la corrélation entre le degré de réfrangibilité et la couleur joue un rôle décisif dans cette mathématisation du phénomène de l'arc-en-ciel, il ne faut pas pour autant trop simplifier la situation. Cette corrélation n'acquiert véritablement sa valeur et sa force explicative qu'au moment où elle se trouve insérée dans la construction du modèle mathématique dont l'objet est de représenter le trajet des rayons lumineux. La mise en place d'un tel modèle, s'appuyant sur les méthodes de la géométrie infinitésimale, utilise des principes et des concepts : réflexion, réfraction, propagation rectiligne... Leur combinaison, par l'intermédiaire des diverses lois, permet une description du

---

1. Newton, *Optique, op. cit.*, note 1 de ce chapitre, Livre I, Partie II, proposition IX.

phénomène en termes mathématiques. Il s'agit d'une véritable reconstruction ou d'une genèse rationnelle prenant son assise dans un langage quantitatif. La force de cette reconstruction rationnelle du phénomène est particulièrement sensible dans le cas des arcs d'ordre supérieur dont la présence jusqu'à Newton est incertaine, voire niée. Car ce n'est qu'à l'issue du calcul, du développement de la théorie, que leur existence devient véritablement possible. Aussi, l'observateur, informé par son propre modèle, pourra tourner les yeux dans des directions convenables et attendre les moments propices.

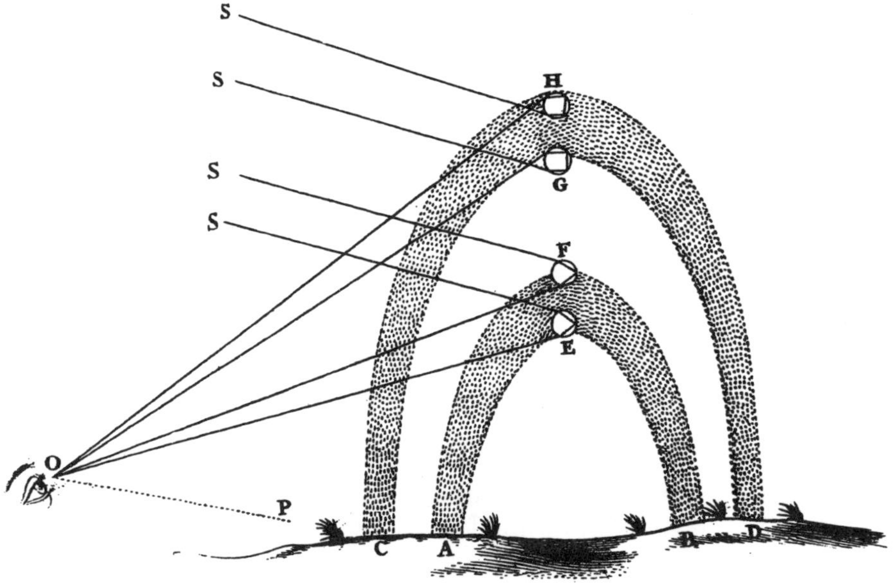

Figure 9

Sous cet aspect, il apparaît clairement que le problème physique de la genèse de l'arc-en-ciel a été transformé sur la base de concepts et de principes quantitativement exprimables en un problème mathématique. Ce dernier conduit alors à une solution pouvant être confrontée à l'observation.

Il n'en reste pas moins qu'il s'agit ici d'une théorie élémentaire de l'arc-en-ciel où, en particulier, ne sont pas pris en considération les phénomènes d'arcs surnuméraires ou supplémentaires. En effet, vers les années 1720, Henry Pemberton (1694-1771) reconnaît que les arcs principaux sont souvent accompagnés d'arcs surnuméraires. Ceux-ci apparaissent à l'intérieur du premier arc et à l'extérieur du second c'est-à-dire toujours du côté du violet, à l'intérieur des zones lumineuses. Leur visibilité, leur écart angulaire, leur coloration et leur aspect sont extrêmement variables. Une observation plus fine, à travers par exemple, un écran monochromatique, permet de constater que l'intensité des franges brillantes décroît globalement très lentement à partir des arcs principaux. Ces arcs surnuméraires constituent de la sorte un phénomène que la théorie newtonienne sous la forme classique que nous avons analysé précédemment ne peut pas laisser prévoir et qu'elle est à strictement parler, incapable d'expliquer.

Ce n'est finalement qu'au début du XIXe siècle que cette question, impliquant une refonte de la théorie de l'arc-en-ciel trouve sa solution. En 1803, Thomas Young qui vient de montrer que la lumière est susceptible d'interférer (voir chapitres III et IV), imagine que l'existence des arcs surnuméraires est liée à l'interférence des rayons efficaces. En effet, deux rayons parallèles atteignant une goutte d'eau dans la zone des rayons efficaces émergent pratiquement parallèles, mais après avoir parcouru des chemins optiques différents tant dans l'air que dans l'eau. Des interférences seront donc observables donnant naissance, non pas à un simple arc principal, mais à toute une série d'arcs colorés comme dans le cas des anneaux de Newton (voir *infra* p. 41 *et sq.* et chapitre IV). Un nouveau facteur entre maintenant en jeu : le chemin optique et, par voie de conséquence, la taille des gouttes. Cette théorie constitue une nouvelle étape par rapport à la théorie newtonienne. Malheureusement elle explique mal la bande plus sombre séparant les deux arcs principaux ou bande d'Alexandre, et Young est incapable de construire un véritable modèle mathématique quantitatif. Une meilleure connaissance des phénomènes d'interférence et de diffraction ainsi que de leur traitement mathématique devient alors la condition d'une reconstruction rationnelle de l'arc-en-ciel. Ce sera principalement l'œuvre de Richard Potter (1799-1886) et de Sir Biddle Airy (1801-1892).

Dans cette nouvelle théorie, deux idées, déjà anciennes, vont intervenir. La première est celle du front d'onde introduite par Christiaan Huygens (voir chapitre III) dès la fin du XVIIe siècle. La seconde est celle suivant laquelle un faisceau de rayons parallèles tombant sur un miroir hémisphérique parallèlement à son axe se réfléchit en engendrant une caustique (surface tangente aux rayons lumineux issus d'un même point après avoir traversé un instrument optique ; ici un miroir hémisphérique). L'introduction de ces idées dans la théorie de l'arc-en-ciel est alors envisagée, d'abord par Potter en 1835, puis d'une façon plus mathématique et plus élaborée par Airy. Leur approche consiste alors à comprendre la genèse de l'arc-en-ciel comme un problème classique de diffraction auquel on peut appliquer les méthodes du calcul par intégration d'Augustin Fresnel. Dans la théorie antérieure de Young, on ne fait interférer, au loin, que les deux rayons parallèles de l'optique géométrique, tandis que dans la théorie d'Airy on fait interférer les vibrations issues de tous les points de la surface d'onde. C'est à cet endroit de la construction théorique que l'application du principe de Huygens prend tout son sens. Cette théorie n'est donc qu'un cas particulier des études de Fresnel sur la diffraction. En 1836, Airy donne, dans les *Transactions of the Cambridge Philosophical Society* (1838, p. 379-403), la loi de répartition de l'intensité lumineuse. Celle-ci représente les valeurs des carrés de l'intégrale appelée aujourd'hui « intégrale d'Airy ». Il est intéressant de remarquer que la distribution des intensités lumineuses, données par cette intégrale, est semblable à celle correspondant à la figure de diffraction donnée par le bord d'un objet rectiligne (voir chapitre IV). Elle fait donc connaître les intensités relatives des différents arcs et leurs directions par rapport au rayon efficace considéré. L'essentiel est en place. James Clerk Maxwell (1831-1879) et Lord Rayleigh (1842-1909) préciseront certains aspects relatifs à la perception des couleurs, au développement du traitement mathématique et au rôle de la polarisation de la lumière. Quelques derniers raffinements théoriques ont encore été récemment introduits grâce à la mise en oeuvre, en particulier, des gros moyens de calcul par ordinateur.

• Les lames minces

Dès 1666, Newton rapporte un ensemble d'expériences relatives à l'apparition des couleurs dans le cas où une mince lame d'air ou d'eau se trouve plus ou moins comprimée entre les bases non parfaitement planes (légèrement convexes) de deux prismes. Il utilise également le montage qui deviendra célèbre de la lentille de rayon de courbure connue posée sur un verre plan. Il mesure alors le diamètre des anneaux colorés et parvient à une détermination, d'ailleurs très imprécise, de la couche d'air séparant les deux appareils optiques[1].

Ces premières études sont reprises et approfondies par Newton dans un texte manuscrit intitulé : « *Of ye Coloured Circles twixt two Contiguous Glasses* », rédigé entre 1666 et 1672, mais plus probablement vers 1672 et se développant très largement sur la base d'analyses expérimentales

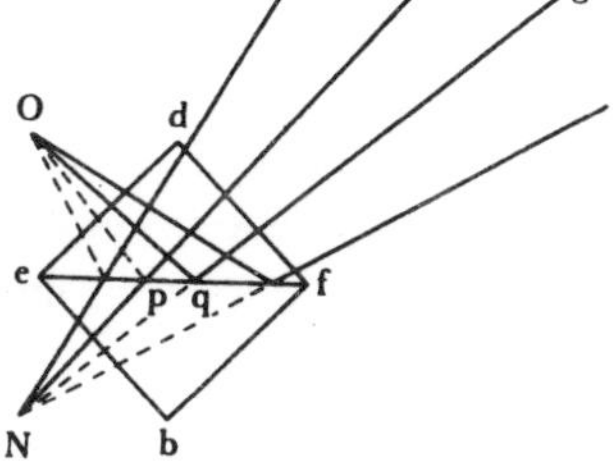

Figure 10

1. *Cambridge University Library,* MS. Add. 3975, fol 6r° – 7r°.

précises comme en témoigne la présence de divers tableaux de valeurs[1].

Dans le texte lu le 8 février 1672 à la séance de la Royal Society, ne figure qu'une remarque très brève et très générale ayant d'ailleurs plus pour objet d'éclairer le nouveau concept de lumière blanche hétérogène que d'analyser le phénomène des lames minces.

En revanche, le 11 juin 1672, dans une réponse à Robert Hooke, en exprimant sa théorie dans le cadre d'un modèle mécanique de type ondulatoire, Newton fait part de réflexions déjà fortement ordonnées concernant le phénomène des lames minces.

Puis finalement, à l'issue de ces travaux préparatoires entamés dès les années 1665-1666, Newton est en mesure de présenter en 1675-1676, devant la Royal Society dans le « *Discourse of Observations* », l'ensemble de ses résultats concernant les phénomènes des lames minces ; ceux-ci complétés se retrouveront dans l'*Opticks* de 1704 (Livre II, Partie I).

Parlant des expériences de Newton consacrées aux lames minces, Vasco Ronchi note avec beaucoup de justesse que celui-ci :

> [...] eut deux idées très heureuses : l'une conséquence directe de ses recherches précédentes, consistait à exécuter l'expérience avec la lumière blanche, puis avec une lumière monochromatisée à l'aide du prisme ; l'autre fut d'utiliser la forme sphérique de la surface de contact pour mesurer l'épaisseur de cette couche très mince dans laquelle se forment les colorations[2].

Pour importantes qu'elles apparaissent toutes les deux, il nous semble que la première idée relative à la lumière homo-

---

1. *Ibid.*, MS. Add. 3970.3, fol 350-353.
2. Vasco Ronchi, *Histoire de la lumière*, Paris, Colin, 1956, p. 153-154.

gène joue un rôle plus déterminant que la deuxième dans la mesure où elle souligne que l'étude newtonienne concernant les anneaux colorés ne s'enracine pas dans une interrogation des phénomènes bruts recueillis directement par la perception, mais se situe d'emblée dans l'univers construit de la science ; tandis que l'autre idée relative à la disposition des lentilles ne relève que d'une astuce expérimentale accompagnant la démarche générale mais ne prenant réellement sa valeur que dans le contexte de cette dernière (Huygens et Hooke qui envisagent également le même montage expérimental ne parviennent à proprement parler à aucun résultat décisif).

Aussi, prolongeant nos réflexions précédentes consacrées à l'arc-en-ciel, c'est la nouveauté de la construction newtonienne qu'il nous paraît nécessaire d'éclairer ici. Comment Newton est-il parvenu à une théorie quantitative du phénomène des lames minces ou plus précisément de la genèse des anneaux colorés ?

Les travaux de Newton s'organisent en deux étapes : dans la première, ce dernier s'attache aux observations en lumière blanche, « au grand jour » tandis que dans la seconde Newton concentre son attention sur les observations en lumière homogène et dégage par là même les lois relatives aux anneaux colorés.

Dans l'*Opticks* donc, Newton réalise ses premières observations en lumière blanche, « au grand jour » en pressant l'un contre l'autre, soit deux prismes dont les bases en contact sont légèrement convexes, soit deux lentilles l'une plan convexe et l'autre convexe.

Cependant, c'est en prenant appui sur sa nouvelle conception de la lumière et de la genèse des couleurs que Newton imagine diverses expériences en lumière homogène qui vont le conduire à ses plus importants résultats.

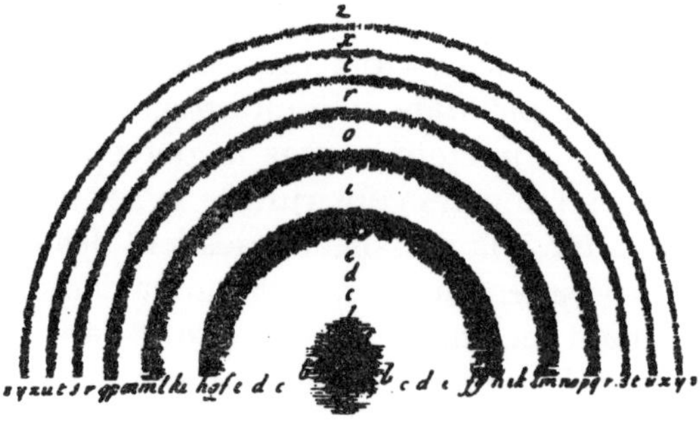

Figure 11

Il constate immédiatement que dans le cas de la lumière homogène tombant sur deux lentilles pressées l'une contre l'autre, les anneaux sont plus nombreux et plus distincts qu' « au grand jour » :

> Ces observations furent faites au grand jour ; mais pour examiner encore avec plus de soin ces effets de lumière, j'obscurcis la chambre, et je regardais les verres que je venois d'illuminer par les couleurs prismatiques réfléchies de dessus une feuille de papier blanc, l'œil placé de manière à voir dans ces verres comme dans un miroir l'image du papier ainsi éclairé. Par cette méthode, les anneaux devinrent plus distincts, et j'en découvris un plus grand nombre : j'en ai distingué quelquefois jusqu'à vingt ; au lieu qu'au grand jour, je n'ai jamais pu en distinguer que huit ou neuf[1].

Puis Newton ayant avec lui une personne « qui faisoit mouvoir un prisme autour de son axe » fait défiler sur ses deux lentilles les diverses couleurs homogènes et observe que les anneaux produits par la lumière rouge sont plus grands que ceux produits par la violette.

Newton détermine ensuite que l'épaisseur de la lame d'air séparant les deux lentilles nécessaire pour donner des anneaux rouges doit être dans le rapport de 14 à 9 avec celle qui fournit les anneaux violets correspondants.

1. *Op. cit.*, note 1, Livre II, Partie I, observation XII.

Par conséquent, les diamètres des anneaux, pour un même numéro d'ordre, croissent à mesure que la couleur de la lumière passe du violet au rouge. Mais, et c'est l'une des observations essentielles, dans tous les cas, en lumière homogène, le phénomène observé par réflexion (au dessus) consiste simplement dans une suite d'anneaux alternativement noirs ou colorés (c'est-à-dire de la couleur envoyée sur le système des deux lentilles).

Par transmission (en dessous), les successions d'anneaux noirs ou colorés sont exactement complémentaires de celles vues précédemment par réflexion.

Puis dans l'« observation XVI », Newton énonce la loi fondamentale de croissance des diamètres des anneaux en lumière monochromatique :

> Les quarrés des diamètres de ces anneaux formés par une couleur prismatique quelconque, étoient en progression arithmétique[1]...

Newton constate alors d'une part, que ce résultat est similaire à celui qu'il avait acquis en lumière blanche pour les anneaux dans leur partie la plus lucide ou la plus sombre (« comme dans l'observation V ») et, corrélativement d'autre part, en identifiant le sixième anneau en lumière jaune avec le sixième anneau en lumière blanche, que :

> [...] le diamètre du sixième anneau jaune citron, vu presque perpendiculairement, avoit à peu près $\frac{58}{100}$ de pouce, ou un peu moins, conformément à l'observation VI.

1. *Ibid.*, observation XVI.

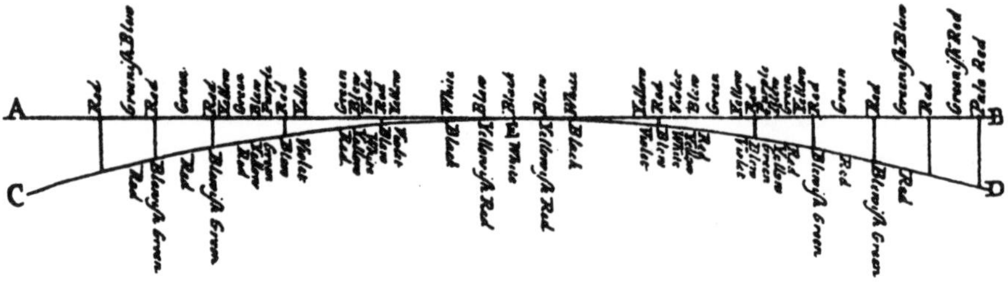

Figure 12

Il apparaît donc, à l'issue de cette analyse, couleur par couleur, que les anneaux colorés obtenus en lumière blanche résultent de la combinaison de tous les divers systèmes d'anneaux correspondant à chacune des couleurs, ceux-ci s'entremêlant suivant leurs différentes dimensions avec une grande confusion. Cette interprétation qui fonde l'explication des phénomènes « au grand jour » se trouve d'ailleurs confirmée par l'« observation XXIV » dans laquelle Newton analyse les anneaux obtenus en lumière blanche, avec le système des deux lentilles à l'aide d'un prisme :

> Ayant formé des anneaux colorés à l'aide de deux objectifs, quoiqu'il me fut impossible d'en distinguer à l'œil nu plus de huit ou neuf, j'en apercevais bien davantage en les regardant à travers un prisme. Souvent il m'est arrivé d'en compter plus de quarante, sans parler de plusieurs autres si petits qu'il n'y avait pas moyen de les distinguer. Mais à en juger par l'espace qu'ils occupaient, il y en avait plus de cent. En perfectionnant cette expérience, on pourrait sans doute en découvrir beaucoup plus encore ; car le nombre en paraît illimité, quoiqu'ils ne deviennent visibles qu'autant que la réfraction prismatique les sépare[1] [...]

1. *Ibid.*, observation XXIV.

Sur la base de l'ensemble de ces travaux en lumière monochromatique et plus particulièrement à travers les énoncés des lois de croissance des anneaux, d'une part, avec la racine carrée de leur numéro d'ordre et, d'autre part, pour un même numéro d'ordre, avec la nature de la lumière (le diamètre augmente du violet au rouge), conduisant à la détermination de l'épaisseur de la lame d'air et aux idées relatives à la périodicité de chacune des couleurs, c'est toute une intelligibilité de type mathématique qui se développe.

Il importe néanmoins de remarquer, comme nous l'avons déjà vu dans le cas de l'arc-en-ciel, que cette mathématisation ne repose pas simplement sur la nouvelle approche newtonienne de la lumière et des couleurs, mais aussi sur le choix de concepts appropriés correspondant à des grandeurs que l'on sait évaluer ou mesurer, à savoir le numéro d'ordre de la couleur et le diamètre des anneaux ; cette étape est d'ailleurs en partie présentée par Newton dans le texte manuscrit « *of ye coloured circles twixt two contiguous glasses* » (voir *supra*).

À ce stade, le problème physique de la répartition des anneaux colorés (ou simplement plus ou moins lumineux dans le cas de la lumière blanche), devient un problème purement mathématique lié à la construction de tableaux de valeur : quelle est la nature de la relation régissant l'ensemble des valeurs numériques obtenues ?

Par conséquent, il apparaît clairement, et la démarche newtonienne est sur ce point significative, que la loi ne peut prendre forme que lorsque le problème physique, à savoir la succession des anneaux, a été transformé en un problème mathématique auquel est donnée une solution mathématique : une certaine fonction reliant le numéro d'ordre et le diamètre.

❖

Une étape décisive dans la genèse de la théorie mathématique des phénomènes de la couleur vient d'être franchie par Newton. En construisant le fait général de la multiplicité des lumières homogènes ou monochromatiques, Newton a rendu possible la construction d'une échelle quantitative susceptible de conduire à la mathématisation des phénomènes de la couleur. Un travail très important reste encore à accomplir. Il importe d'une part d'intégrer ce nouveau fait général dans le cadre des théories de la lumière et corrélativement de rendre compte de l'ensemble des phénomènes observés (ce sera l'objet des chapitres III et IV) et, d'autre part de répondre autant que faire se peut à la question, d'abord écartée par Newton, de ce qu'il en est, à proprement parler, des couleurs et, corrélativement de leur perception (ce sera l'objet du chapitre V).

Chapitre III

LA CARACTÉRISATION PHYSIQUE DES COULEURS

Le fait général des lumières monochromatiques a été construit imposant, à l'évidence, de remettre sur le chantier les théories physiques de la lumière ; qu'est-ce que la lumière et qu'est-ce qui caractérise ce qu'on appelle couleur dans ce phénomène physique ?

Très rapidement au cours du XVIIe siècle, deux grands courants se dessinent parmi les savants suivant que ceux-ci considèrent que la lumière est un corps ou bien le mouvement d'un corps sans transport de matière. Dans le premier cas, il s'agit des théories dites de l'émission dont le principal représentant est Newton et dans le second cas, des théories dites des milieux dont le principal représentant est Christiaan Huygens.

Il importe aussi de rappeler que la deuxième moitié du XVIIe siècle a été marquée par de nombreuses découvertes expérimentales dont la prise en compte va conditionner, jusqu'au milieu du XIXe siècle les constructions théoriques.

La diffraction

Les premières expériences de diffraction de la lumière ont été réalisées par Francesco-Maria Grimaldi (1618-1663) et présentées dans son gros ouvrage intitulé : *Physico-Mathesis de Lumine, Coloribus et Iride* (Bononiae, 1665). C'est d'ailleurs Grimaldi qui introduit le terme de diffraction pour caractériser les nouveaux phénomènes qu'il vient de découvrir.

Utilisant un faisceau très étroit de lumière naturelle, Grimaldi réalise dans une pièce sombre deux séries d'expériences. Dans la première, il place un petit objet à l'intérieur du cône lumineux émergeant d'une petite ouverture.

Il observe que l'ombre portée sur un écran blanc n'est pas, comme le suggère l'optique géométrique, nettement séparée de la zone lumineuse, mais que l'ombre est bordée par trois traînées lumineuses (*series lucidae*) et colorées. Elles sont bleuâtres vers l'intérieur de l'ombre, rougeâtres vers l'extérieur. Leur intensité et leur largeur diminuent à mesure que l'on s'éloigne de l'ombre.

Grimaldi observe également, à l'aide d'une source suffisamment lumineuse, d'autres traînées à l'intérieur même de l'ombre donnée par des objets étroits.

Dans la seconde série d'expériences, Grimaldi interpose sur le trajet du faisceau lumineux issu d'un petit trou un deuxième écran également percé d'un petit trou.

Il diversifie ensuite ses expériences, soit en modifiant la position de l'écran, soit en plaçant successivement divers corps opaques dans le cône lumineux. Il constate alors que les « *series lucidae* » ne sont ni sur une ligne droite passant par la source et tangente à l'obstacle, ni sur une droite menée du trou au point de l'écran sur lequel on les observe.

À l'issue de ces travaux, Grimaldi rejette l'idée que les « *series lucidae* » pourraient être dues à la lumière directe, ou à de la lumière réfractée (les « séries » ne dépendent pas de la nature de l'obstacle), ou bien encore à de la lumière réfléchie (les « series » ne dépendent pas du bord de l'obstacle). Il en conclut que la lumière doit se propager d'une autre façon bien distincte des trois précédentes et à laquelle il faut donner un nom : la diffraction.

Les phénomènes d'« interférence »

Les premiers travaux véritablement coordonnés sur ces phénomènes se rapportent aux observations des couleurs à la surface des lames minces. Ils furent l'œuvre de Robert Boyle (1627-1691) et apparurent dans les *Experiments and Considerations Touching Colours* (Londres, 1664).

Dans l'Expérience XIX, Boyle rassemble ses travaux les plus significatifs. Il remarque en particulier que les huiles essentielles ainsi que l'esprit de vin, lorsqu'ils sont agités jusqu'à ce qu'ils forment des bulles, alors : « ces bulles apparaîtront (si elles sont observées avec attention) ornées de différentes et charmantes couleurs ». Boyle souligne également que certains corps, qu'ils soient incolores comme l'eau ou colorés comme la térébenthine lorsqu'ils sont réduits à l'état d'une fine lame « conquièrent soit des couleurs quoiqu'ils n'en aient eu aucune avant, soit une couleur différente de celle qu'ils possédaient précédemment ». Boyle note, par ailleurs, que ces couleurs, apparaissant à la surface des corps, dépendent de « l'incidence de la lumière et de la position de l'œil ». De même, lorsque le verre est soufflé et qu'il atteint une certaine finesse, celui-ci se recouvre des couleurs « extrêmement vives » de l'arc-en-ciel.

Ces premières études sont prolongées par celles de Robert Hooke (1635-1703) dans son ouvrage consacré en particulier à des observations microscopiques intitulé *Micrographia* (Londres, 1665). Ce dernier remarque qu'une coloration apparaît sur une lame transparente limitée par deux surfaces réfléchissantes, de réfringence différente de celle de la lame, lorsque son épaisseur est comprise entre une limite supérieure et une inférieure au-delà desquelles ne peut être perçue aucune couleur, la lame devenant transparente.

Pour une épaisseur donnée, constante, comprise entre les deux limites précédentes, la lame se teinte d'une couleur plate et uniforme ; lorsque l'épaisseur n'est pas constante, la lame se recouvre de lignes ou d'anneaux colorés (*rings, lines, irises*) vus distinctement sous le microscope et pouvant être déplacés par la modification de la pression exercée sur la lame mince.

Deux lames de verre, inclinées l'une par rapport à l'autre, constituant ainsi un coin à l'intérieur duquel peuvent être introduits divers milieux transparents laissent paraître, suivant le degré d'épaisseur ou d'éloignement par rapport au point de contact des deux lames, toutes les couleurs de l'arc-en-ciel. Celles-ci sont d'ailleurs plus vives lorsque, d'une part, les différences entre les pouvoirs réfringents des lames et du milieu sont plus importantes et que, d'autre part, ces couleurs sont plus proches du centre ou du point de contact, tout en constituant à ce moment des bandes plus étroites.

Dans le cas où les lames ont la forme de deux lentilles convexes, l'ordre des couleurs, se présentant sous l'aspect d'anneaux, est, du centre vers l'extérieur, le rouge, le jaune, le vert, le bleu, etc. ; dans le cas où les lames ont la forme de lentilles concaves, l'ordre est inversé. Le nombre de ces successions d'anneaux colorés peut varier avec l'opacité du milieu intermédiaire introduit. Il s'agit bien évidemment de ce qu'on appelle aujourd'hui les anneaux de Newton (voir *infra*).

La biréfringence

En 1669, Érasme Bartholin (1625-1698) découvre la biréfringence en manipulant des cristaux de spath d'Islande (calcite). Il publie ses observations dans un petit Mémoire, intitulé *Expérimenta Crystalli Islandici Disdiaclastici* (Copenhague, 1669). Il y décrit en particulier comment ces cristaux dédoublent les images des objets ou des écrits sur lesquels ils sont placés et introduit les termes utilisés encore aujourd'hui, de réfraction ordinaire et de réfraction extraordinaire.

La vitesse de la lumière

En 1676, l'astronome Ole Römer (1644-1710), alors qu'il séjourne à l'Observatoire de Paris tout nouvellement bâti, déduit des irrégularités apparentes de la période des satellites de Jupiter une méthode de mesure de la vitesse de la lumière.

Ses résultats sont publiés dans le *Journal des Sçavans* du lundi 7 décembre 1676. Römer si l'on effectue ses calculs parvient à une valeur approximative de la vitesse de la lumière de 215 000 kilomètres par seconde. Il montre ainsi que l'hypothèse cartésienne de la propagation instantanée n'est pas fondée. L'ensemble de ces mesures et observations impose une refonte complète de l'optique en particulier cartésienne.

La mise en place d'une théorie cohérente de la nature de la lumière et des couleurs, susceptibles de rendre compte de l'ensemble des résultats expérimentaux, constitue une tache d'une extrême difficulté. Elle va occuper les savants jusqu'au milieu du XIXe siècle avant que de nouveaux éléments imposent les révisions du XXe siècle.

Ondes et corpuscules

• Newton et les conceptions corpuscularistes

La théorie newtonienne, présentée pour la première fois en 1672 dans les *Philosophical Transactions*, puis, formulée définitivement en 1704 dans l'*Optique*, est inséparable, comme nous l'avons vue précédemment, des expériences sur la dispersion de la lumière par un prisme : à chaque couleur, correspond un certain degré de réfrangibilité de telle sorte que s'instaure entre la réfrangibilité et la couleur une relation biunivoque. La couleur ou le degré de réfrangibilité d'un rayon donné sont inaltérables, soit par réfraction, soit par réflexion. Tout se passe donc comme si préexistait dans la lumière blanche arrivant sur le prisme une multiplicité de rayons de différentes réfrangibilités et susceptibles d'engendrer des sensations différentes de couleur.

Le prisme, dans cette perspective, a seulement pour effet de séparer ces différents rayons que nous appelons aujourd'hui rayons monochromatiques.

Tout en restant extrêmement prudent sur la nature de la lumière, il apparaît rapidement, tant par la lecture des textes publiés que par celle de ses manuscrits, que la pensée newtonienne est gouvernée par une conception corpusculaire de la lumière. Les sources lumineuses, par exemple le soleil, émettent des corpuscules qui se propagent à travers le vide jusqu'à nos yeux. Une telle théorie permet d'expliquer assez facilement, comme Newton le montre dans la section XIV du Livre I des *Philosophiae Naturalis Principia Mathematica* (Londres, 1687), la propagation rectiligne, la réflexion, la réfraction et la vitesse finie de la lumière. En effet dans ce cadre la propagation rectiligne est impliquée par le principe d'inertie et la réflexion s'explique simplement en considérant que chaque corpuscule se réfléchit sur un miroir comme une bille sur la bande d'un billard, et l'angle de réflexion est égal à l'angle d'incidence. (Newton envisage plus précisément, comme nous allons le voir dans le cas de la réfraction, l'action du milieu réfléchissant sur le corpuscule). L'analyse de la réfraction est un peu plus délicate. Considérons un rayon lumineux IO tombant sur le plan indéfini de séparation P'P de deux milieux différents, l'air et l'eau par exemple ; le rayon IO se réfracte suivant OR, en se rapprochant de la normale.

Le corpuscule lumineux qui se déplace suivant IA avec une vitesse constante V_a et qui, par suite, n'est soumis de la part de l'air à aucune action, subira, suivant Newton, une action de la part du second milieu, dès qu'il sera suffisamment proche de la surface de séparation P'P. Cette action sera naturellement elle aussi, indépendante de la vitesse et, par raison de symétrie, sera normale au plan P'P de séparation. Il s'ensuit que le corpuscule subira de la part de l'eau une action telle que la composante tangentielle A'T' = AT ne soit pas modifiée ; il est alors facile de déterminer la vitesse V_e de la lumière dans l'eau connaissant sa direction OR et une de ses composantes A''T'. Il apparaît immédiatement par la figure

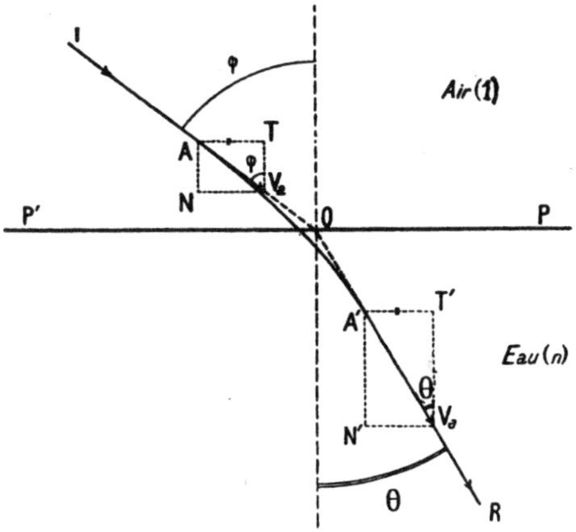

Figure 13

que la théorie de l'émission nous conduit à admettre que la vitesse de la lumière dans l'eau V_e est plus grande que la vitesse V_a dans l'air et que le rapport $\frac{Va}{Ve} = \frac{\frac{Va}{AT}}{\frac{Ve}{A'T'}} = \frac{\frac{1}{\sin\varphi}}{\frac{1}{\sin\theta}} = \frac{1}{n'}$, ou plus généralement, en désignant par V et V', les vitesses dans deux milieux différents d'indice n et n' $\frac{V}{V'} = \frac{n}{n'}$.

Ainsi le rapport des vitesses de la lumière dans les deux milieux est égal au rapport de leurs indices. Ce résultat est essentiel car, comparé avec celui donné dans le cadre des théories ondulatoires, il permettra la mise en place d'expériences, au XIXe siècle, susceptible pour un temps de départager les deux théories (voir *infra*).

Si la propagation rectiligne, la réflexion et la réfraction sont assez bien expliquées dans le cadre théorique de la conception corpusculaire, cette dernière reste en revanche pour l'essentiel inopérante dans le cas des autres phénomènes, en particulier lorsqu'interviennent des aspects périodiques. Ainsi, dans le cas des lames minces, Newton imagine sa théorie des Accès qui réintroduit d'une certaine façon la considération d'un milieu interagissant avec les rayons ou, dans un esprit plus strictement corpusculariste, de nouvelles propriétés intrinsèques du rayon comme en témoigne, par exemple, son interprétation du phénomène de la réflexion partielle dont le rôle est si important, aujourd'hui, dans l'étude des phénomènes d'interférence. En effet, comment Newton peut-il interpréter le fait que des rayons soient ou bien transmis ou bien réfléchis en rencontrant une surface réfringente ? La réponse est donnée dans la proposition XIII de la Partie III du Livre II de l'*Optique* (traduction Jean-Paul Marat) :

> La raison pour laquelle les surfaces de tous les corps transparents épais réfléchissent une partie des rayons incidents et réfractent le reste, est qu'au moment de leur incidence, ces rayons se trouvent, les uns dans des Accès de facile réflexion, les autres dans des Accès de facile transmission [...] la lumière a ses Accès de facile réflexion et de facile transmission, avant de tomber sur les corps transparents : et il est à croire qu'elle les a dès qu'elle commence à émaner des corps lumineux, et qu'elle les retient durant tout son trajet.

Ainsi, d'après Newton les Accès appartiennent probablement (« il est à croire [...] ») aux divers rayons dès leur origine de telle sorte qu'en rencontrant une surface réfringente ceux qui sont dans un Accès de facile réflexion sont réfléchis (réflexion partielle), et ceux qui sont dans un Accès de facile transmission, transmis, de façon à donner ensuite naissance, par exemples, aux anneaux colorés. La surface réfringente a donc pour rôle, non pas d'engendrer l'Accès de facile transmission, mais de sélectionner parmi l'ensemble des rayons l'atteignant ceux qui sont dans un état de facile transmission. De ce point de vue, la surface ne joue qu'un rôle d'analyseur (au même titre que le prisme vis-à-vis de la lumière blanche), chaque rayon possédant originellement tel ou tel état. Nous retrouvons dans cette saisie du phénomène le mode caractéristique d'appréhension de l'atomiste Newton.

L'interprétation du phénomène de la diffraction que Newton appelle de façon significative phénomène d'inflexion est de même extrêmement délicate dans le cadre des théories de l'émission. En effet, contrairement à Grimaldi, mais aussi à Robert Hooke qui vient de réaliser des expériences sur cette question au cours des réunions de la Royal Society, Newton n'introduit pas dans ce contexte expérimental l'idée d'un mode spécifique de propagation de la lumière. Pour lui, ces phénomènes résultent simplement d'une multiplicité de réfractions se produisant à proximité de la partie extrême de l'obstacle, soit en raison de la présence d'un milieu éthéré de densité variable entourant et pénétrant l'extrémité de l'objet placé sur le trajet de la lumière[1] soit, comme dans les *Principia,* en faisant intervenir l'action attractive des corps frôlés sur les particules constituant les rayons (Livre I, section XIV).

Newton réalise au cours des années 1690 d'intéressantes observations, sans signaler néanmoins la présence de franges à l'intérieur de l'ombre, lorsqu'il présente ses résultats sur la diffraction-inflexion dans la troisième partie de l'*Optique.*

• Christiaan Huygens et les conceptions ondulatoires

À l'inverse de la théorie newtonienne, celle de Huygens s'inscrit pleinement dans le cadre des théories des milieux. Cependant, par son approche très subtile du mode de propagation de

1. *Lettre de Newton à Oldenburg du 7 décembre 1675, The Correspondence of Isaac Newton*, édité par H. W. Turnbull, J. F. Scott, A. R. Hall et L. Telling, 7 vols., Cambridge University Press, 1959-1977, vol. I, p. 362.

la lumière, Huygens renouvelle l'ancien concept géométrique de rayon et dépasse très largement les travaux antérieurs de Thomas Hobbes (1588-1679), Robert Hooke (1635-1703), Isaac Barrow (1630-1677) ou Ignace Gaston Pardies (1636-1673). En effet, dans *Le Traité de la lumière* (Leyde, 1690), dont les premières rédactions datent de 1677-1678, Huygens compare la lumière au son et en conséquence, assimile la lumière à la propagation, dans le temps, d'une vibration longitudinale, c'est-à-dire parallèle au rayon, à travers un milieu ou éther matériel. L'analyse du mouvement se produisant dans la matière éthérée conduit Huygens à considérer que tous les points d'une onde – il ne fait pas d'hypothèse sur sa périodicité – peuvent être le siège d'un nouvel ébranlement. Leur enveloppe constitue alors une nouvelle surface d'onde susceptible de se propager indéfiniment :

> [...] il y a encore à considérer dans l'émanation de ces ondes, que chaque particule de la matière, dans laquelle une onde s'étend, ne doit pas communiquer son mouvement seulement à la particule prochaine, qui est dans la ligne droite tirée du point lumineux ; mais qu'elle en donne aussi nécessairement à toutes les autres qui la touchent, et qui s'opposent son mouvement[1].

Huygens dégage ainsi le cadre général du célèbre « Principe de Huygens-Fresnel » ou principe de l'enveloppe des ondes élémentaires dont le rôle est si important dans la construction de l'optique de Fresnel et dans la compréhension des phénomènes de diffraction au XIXe siècle, lorsque le développement de l'analyse mathématique permet enfin d'utiliser ce principe de façon pertinente. En effet le modèle proposé par Huygens rend déjà très difficile, à strictement parler, l'interprétation de la

---

1. Christian Huygens, *Traité de la lumière*, Leyde, 1690, rééd. Paris, Dunod, 1992, p. 17.

propagation rectiligne si l'on ne possède pas une conceptualisation mathématisée adéquate. Newton dans la huitième section de ses *Principia* intitulée « De la propagation du mouvement dans les fluides » avait déjà soulevé les difficultés liées à la diffusion du mouvement lorsque celui-ci s'effectue dans un fluide ou plus exactement lorsque le fluide sert de support à la transmission du mouvement. Le titre de la proposition XLII est à cet égard tout à fait révélateur : « Tout mouvement propagé dans un fluide s'éloigne de la ligne droite dans des espaces immobiles ».

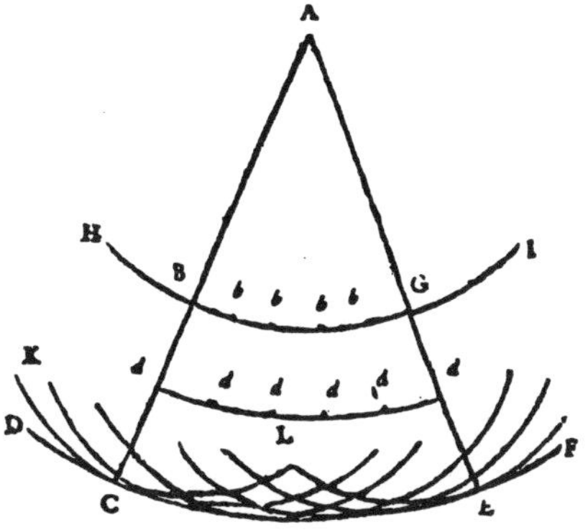

Figure 14

S'appuyant toujours sur son modèle théorique Huygens s'attache ensuite à rendre compte de la réfraction. Il est, contrairement à Newton et aux tenants des théories de l'émission, conduit à démontrer, comme Pierre Fermat[1] que la lumière dans le cadre de sa théorie se propage plus vite dans l'air que, par exemple, dans le verre.

1. Pierre Fermat s'oppose à Descartes dans sa correspondance avec Marin Cureau de la chambre en s'appuyant dans sa démonstration à la fois sur le principe affirmant que la lumière suit toujours la trajectoire qui minimise le temps du déplacement ainsi que sur sa nouvelle méthode mathématique de l'adégalisation.

Considérons à nouveau le plan de séparation PP' de deux milieux où la vitesse de propagation de la lumière est V et V' ; soit AB une onde plane incidente. Elle donne naissance à deux ondes, l'une réfléchie, l'autre réfractée, qu'il s'agit de déterminer.

Menons en B une perpendiculaire BB' à l'onde AB, et choisissons le point B, de telle sorte que la distance BB' soit parcourue par la lumière en un temps égal à l'unité : nous avons donc BB' = V, vitesse de la lumière dans le milieu considéré. Au bout de l'unité de temps, le point B sera venu en B', et le point A se trouvera sur deux circonférences menées de A comme centre, l'une avec un rayon égal à V dans le premier milieu (onde réfléchie) A_1, et l'autre avec un rayon égal à V' dans le second milieu (onde réfractée) A'. Pour trouver la position des ondes réfléchies et réfractées, il suffit, avec Huygens, de mener du point B', les tangentes $B'A_1$ et B'A' aux deux circonférences que nous venons de tracer ; A_1 B' est l'onde réfléchie, A'B' l'onde réfractée au bout de l'unité de temps.

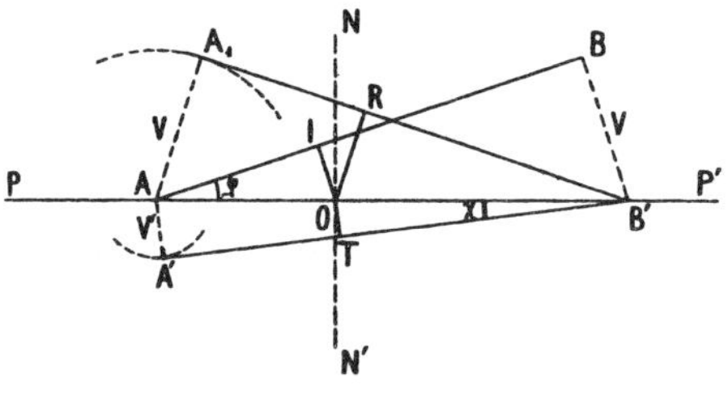

Figure 15

En effet, nous allons montrer que les chemins IO + OR d'une part, IO + OT de l'autre, repérés sur des rayons lumineux quelconques, sont parcourus pendant l'unité de temps. On a en effet par les triangles semblables d'une part :

$$\frac{IO}{V} = \frac{AO}{AB'} \quad \text{et} \quad \frac{OR}{V} = \frac{OB'}{AB'} \quad \text{d'où} \quad \frac{IO + OR}{V} = \frac{AO + OB'}{AB'} = 1$$

et d'autre part

$$\frac{IO}{V} = \frac{AO}{AB'} \quad \text{et} \quad \frac{OT}{V'} = \frac{OB'}{AB'} \quad \text{d'où} \quad \frac{IO}{V} + \frac{OT}{V'} = \frac{AO + OB'}{AB'} = 1$$

La construction est donc justifiée.

Les angles φ et θ. sont égaux aux angles d'incidence et de réfraction IÔN et N'ÔT. Par ailleurs l'égalité des triangles BAB' et A_1B'A montre que les angles B'ÂB et A_1B'A sont égaux (loi de la réflexion). En outre les triangles BÂB' et A'B'A nous donnent :

$$\sin \varphi = \frac{BB'}{AB'} = \frac{V}{AB'} \quad \text{et} \quad \sin \theta = \frac{A'A}{AB'} = \frac{V'}{AB'}$$

d'où $\frac{\sin\varphi}{\sin\theta} = \frac{V}{V'}$ = constante (loi de la réfraction).

Par définition nous avons n sin φ = n' sin θ en appelant n et n' les indices de réfraction des deux milieux.

Il s'ensuit que $\frac{V}{V'} = \frac{n'}{n}$.

Le rapport des vitesses de la lumière dans les deux milieux est égal au rapport inverse de leurs indices. C'est un résultat opposé à celui que nous avions précédemment trouvé avec les théories corpusculaires.

Ces conséquences divergentes de la théorie de l'émission et de celle des milieux seront mises à profit dans la première moitié du XIXe siècle pour rejeter, à la suite des expériences d'Hippolyte Fizeau (1819-1896) et de Léon Foucault (1819-1868), les théories de l'émission. En outre, dans la réfraction de Huygens et contrairement par exemple à l'approche hookienne dans la *Micrographia*, (voir *infra*) le front d'onde reste perpendiculaire à la direction de propagation (voir démonstration ci-dessus).

Huygens consacre le chapitre V de son traité de la lumière à étudier très longuement, avec beaucoup d'élégance, le phénomène de la double réfraction du spath d'Islande. À cette fin, il suppose que deux ondes se propagent avec des vitesses différentes à l'intérieur du spath : l'une ordinaire ou sphérique, l'autre extraordinaire ou elliptique (ellipsoïde de révolution). Il montre alors que la répartition régulière des parties constitutives du spath (réseau rhomboédrique – un rhomboédre est un cristal parallélépipédique dont les six faces sont des losanges égaux) permet le dédoublement de la vitesse à l'intérieur du cristal et la réfraction des deux ondes conformément aux observations d'Érasme Bartholin.

À la fin de son analyse de la biréfringence Huygens remarque, sans en donner l'interprétation, que les deux rayons issus d'un premier spath n'ont plus relativement à un second les mêmes comportements, et que, suivant les orientations respectives des deux cristaux, le nombre des rayons émergents comme leurs intensités varient.

Quoique Newton ne traite pas du spath d'Islande dans les grandes parties de son *Optique,* il y consacre cependant, dans le Troisième livre, les Questions 25 et 26. L'opposition existant entre le style de l'optique newtonienne et le style de l'optique hugonienne est saisissante. Newton conclut en effet :

> [...] chaque rayon de lumière a donc deux côtés opposés doués d'une propriété essentielle, d'où dépend la réfraction extraordinaire, et deux autres côtés qui n'ont pas cette propriété [...] (*Optique*, traduction de Jean-Paul Marat).

Ainsi, de la réflexion partielle à la double réfraction, le rayon lumineux acquiert progressivement de nouvelles propriétés et devient bien complexe.

C'est Étienne-Louis Malus (1775-1812) qui introduit au tout début du XIXe siècle, dans le cadre de sa théorie corpusculariste, le terme de polarisation. Cette théorie, développée quelques années plus tard par Jean-Baptiste Biot (1774-1862), est rapidement supplantée par l'optique ondulatoire fresnelienne reposant sur l'hypothèse de la transversalité des vibrations lumineuses.

Si Huygens a magnifiquement traité de la double réfraction du spath d'Islande, il a, en revanche, laissé de côté l'analyse des phénomènes de la diffraction et des lames minces. Il est remarquable de constater que ces phénomènes, qui seront centraux dans l'élaboration des théories ondulatoires de la lumière au XIXe siècle sont absents des écrits de Huygens. Il n'a tout simplement pas pu dans le cadre de sa théorie en donner une analyse cohérente et pleinement satisfaisante. Il a donc préféré ne rien présenter à la postérité.

• Le dépassement du double aspect de la lumière

Au XVIIIe siècle newtonien et corpuscularisté succède, après les expériences de Fizeau et Foucault et les splendides travaux théoriques d'Augustin Fresnel (1788-1827), un XIXe siècle ondulatoire. Celui-ci, tout d'abord marqué par l'hypothétique éther de Fresnel aux propriétés mécaniques difficilement conciliables, est ensuite investi, à partir des années 1870, par la théorie électromagnétique de James Clerk Maxwell (1831-1879).

Maxwell conclut, sur la base de ses fameuses Équations, que dans le cas d'un signal électromagnétique variable le milieu diélectrique peut être le siège d'ondes transversales dont la vitesse de propagation est similaire à celle de la lumière. Ainsi se trouvent rapprochés l'éther lumineux de Fresnel et l'éther des actions électromagnétiques. Cette intégration de la lumière dans les phénomènes électromagnétiques oriente alors Maxwell vers le délicat problème du mouvement relatif de la terre et de l'éther. Ce problème culmine avec la mise en place en 1887 de la célèbre expérience de Michelson et Morley, expérience qui conduit finalement à conclure qu'il est impossible, au moyen d'une expérience physique quelle qu'elle soit, de détecter le mouvement de la terre par rapport à l'éther. La voie est ouverte pour les théories einsteiniennes.

En 1905, Albert Einstein (1879-1955) publie simultanément son Mémoire sur l'électrodynamique des corps en mouvement qui pose les bases de la théorie de la relativité et celui sur l'effet photoélectrique qui introduit, en fait, l'hypothèse des quanta de lumière. Ce dernier Mémoire remet donc en question la nature strictement ondulatoire et continue de la lumière défendue au XIXe siècle.

C'est cette « double nature » de la lumière que Louis de Broglie (1892-1987) tente de comprendre et d'interpréter dans ses *Recherches sur la théorie des quanta* de 1924. Il émet dans sa thèse l'hypothèse que la dualité onde-corpuscule est une propriété générale des objets microscopiques et que la matière présente, comme la lumière, un double aspect ondulatoire et corpusculaire. Cette hypothèse se trouvera très vite confirmée par l'observation de phénomènes de diffraction avec des électrons (Expériences de Davisson et Germer en 1927, de G. P. Thomson en 1928 et de Rupp la même année).

En généralisant la notion d'ondes de matière, Erwin Schrödinger (1887-1961) parvient à l'équation bien connue de propagation de la fonction d'onde représentant un système quantique donné. Finalement, l'élégant formalisme de la théorie quantique est mis en place autour des années 1925-1930 par Paul Dirac (1902-1984), Niels Bohr (1885-1962) et Werner Heisenberg (1901-1976). Une page de l'histoire des théories physiques de la lumière est tournée. Il nous faut maintenant revenir aux couleurs et aux caractérisations physiques des couleurs dans le cadre des théories de la lumière.

Les longueurs d'ondes : Young et Fresnel

• Quelques définitions préalables

Après les travaux de Huygens puis de Young et de Fresnel la lumière est conçue, nous l'avons déjà signalée, comme un phénomène périodique. En terme moderne nous admettrons donc que tout point P éclairé par une source de lumière est dans un certain état lumineux défini par une quantité variable périodique V que nous appelons variable lumineuse au point considéré. Prenant également en compte qu'une périodicité dans l'espace, jointe à une vitesse finie de propagation, nécessite une périodicité dans le temps, nous pouvons mettre cette variable lumineuse sous la forme :

$$V = a \sin \left(2 \pi \frac{t}{T} + b\right)$$

ou t représente le temps, a, T et b sont des constantes.

La constante T est la période du phénomène ; c'est elle qui définit la couleur de la lumière. Pour une couleur déterminée, la période est indépendante du milieu de propagation. La constante a est l'amplitude ; elle dépend de l'intensité lumineuse au point considéré. La longueur d'onde λ d'une radiation déterminée est donnée par $\lambda = VT$ ou V est la vitesse de propagation du signal lumineux.

• Le concept de longueur d'onde : aspects historiques et théoriques

Archéologie : bigness et promptitude

Pour caractériser les vibrations de diverses couleurs, Newton et Nicolas Malebranche (1638-1715) introduisirent respectivement les concepts de *bigness* et de « promptitude ». Quelle est la signification de ces deux concepts et comment s'inscrivent-ils dans le développement des concepts de fréquence (grandeur qui mesure le nombre de fois ou un phénomène se reproduit dans un intervalle de temps donné) et de longueur d'onde ?

Newton en 1672, à l'occasion de sa polémique avec Robert Hooke qui suivit la lecture devant la Royal Society de sa lettre sur la lumière et les couleurs (voir chapitre II), introduit, pour montrer dans quelle mesure la thèse de l'hétérogénéité de la lumière blanche peut s'accorder avec les théories de type ondulatoire une caractérisation, par le terme de *bigness*, des vibrations des diverses couleurs[1].

---

1. *Op. cit.*, chapitre III, note 1, p. 55, Tome I, p. 171-188, 362-386.

Le sens du terme *bigness* se rapporte-t-il, comme celui de promptitude, à la fréquence des vibrations ? Dans l'affirmative, la priorité historique concernant un concept essentiel de l'optique ondulatoire doit être accordée à Newton. Ainsi posée, la question implique que les concepts de promptitude et de *bigness* relèvent du même type d'intelligibilité, qu'ils soient situés sur un même plan au regard de la représentation conceptuelle des couleurs. En est-il véritablement ainsi ?

Nous ne le pensons pas ; bien au contraire, ces deux termes nous semblent impliqués par une appréhension totalement différente de la spécificité des couleurs, appréhension qui leur confère des statuts difficilement comparables. En effet si le terme de *bigness* renvoie à la longueur d'onde (c'est-à-dire implicitement à la fréquence) nous devons en conséquence répondre à la question :

Comment chaque radiation (colorée) se trouve-t-elle associée à telle ou telle fréquence ou longueur d'onde déterminée ?

Ce n'est qu'à l'issue de cette démarche que le concept peut acquérir effectivement toute sa signification, car il ne faut pas perdre de vue dans ce débat que la longueur d'onde en optique ondulatoire est une grandeur purement physique susceptible d'être mesurée objectivement avec une grande précision, tandis qu'en jugeant seulement d'une impression colorée, on a affaire à un problème d'optique physiologique dont le résultat dépend de l'observateur.

Newton, loin de s'orienter dans le sens d'une procédure de mesure objective, semble rapporter chaque *bigness* à une certaine impression colorée et se place donc, de fait, à l'intérieur du domaine propre à l'optique physiologique.

Dans sa réponse à Hooke du 11 juin 1672, Newton écrit :

> [...] L'application la plus naturelle et la plus aisée de cette hypothèse à la solution des phénomènes est, je pense, la suivante : les parties agitées des corps, en vertu de leurs diffé-

> rentes dimensions, figures et mouvements, provoquent dans l'éther des vibrations de différentes profondeurs (*depths*) ou *bigness* qui, lorsqu'elles sont toutes propagées ensemble, au travers du milieu, jusqu'à nos yeux, produisent en nous la sensation d'une lumière de couleur blanche. Mais si, pour quelque cause, les vibrations d'inégales *bigness* se trouvent séparées les unes des autres, les plus grandes (*largest*) engendrent la sensation d'une couleur rouge, les moindres ou les plus courtes (*shortest*) celle du violet sombre, enfin les vibrations de dimensions intermédiaires, des sensations de couleurs intermédiaires[1].

Puis, dans la lettre à Oldenburg du 7 décembre 1675, Newton précise :

> Et maintenant, pour expliquer les couleurs ; [...] ces rayons, quels qu'ils soient, comme il leur advient d'être différents en grandeur (*magnitude*), force (*strength*) ou vigueur (*vigour*) provoquent des vibrations de diverses bignesses ; les rayons les plus grands (*biggest*), les plus forts (*strongest*) ou les plus puissants (*potent*) engendrent les plus grandes vibrations, et les autres de plus courtes suivant leur grandeur (*bigness*), force ou puissance (*power*)... Et là, je suppose qu'elles (les vibrations) affectent l'âme de diverses couleurs suivant leur bigness et leur complexité ; les plus grandes (*biggest*) l'affectant avec les plus fortes (*strongest*) couleurs, les rouges et les jaunes ; les moindres (*the least*) l'affectant avec les plus faibles (*weakest*), les bleus et les violets[2].

Il s'avère donc, au regard de ces deux exemples, que Newton, parmi les vibrations d'inégales *bigness*, associe indépendamment de toute détermination quantitative, aux couleurs les plus fortes (à savoir les plus éclatantes), le rouge et le jaune, les valeurs les plus grandes, et aux couleurs les plus faibles (à

1. *Op. cit.*, chapitre III, note 1, p. 55, p. 69, Tome I, p. 175.
2. *Ibid.*, p. 376.

savoir les plus sombres) le bleu et le violet, les valeurs les plus petites. Il s'ensuit que la caractérisation des couleurs, à travers le terme de *bigness*, prend sa racine dans les impressions subjectives, dans la façon suivant laquelle nous nous sentons affectés par telle ou telle couleur. De ce point de vue, la caractérisation newtonienne perd toute objectivité et dépend fondamentalement des propriétés de l'organe visuel.

Notre interprétation de ces deux passages se trouve renforcée essentiellement par deux éléments :

D'une part, dans ses premiers travaux centrés sur les modèles corpusculaires de la lumière, Newton associe, indépendamment de toute détermination quantitative, chaque couleur, soit à la vitesse, soit à la masse, soit encore à l'action des corpuscules, conformément aux impressions subjectives (*bigness* ne faisant dans les cas précédents que se substituer à ces concepts).

D'autre part, une telle représentation des couleurs persistera sous diverses formes parmi les disciples de Newton qui, tout en développant une théorie mathématisée de la genèse des phénomènes de la couleur (la différence de réfrangibilité n'est pas l'explication de la spécificité des couleurs), conserveront dans leurs modèles mécaniques une approche liée à des considérations subjectives du même ordre que Newton.

La situation est toute différente avec le P. Malebranche puisque celui-ci distingue clairement dans sa théorie de la lumière, d'une part, l'éclat qui vient de la force des vibrations et, d'autre part, la couleur qui dépend de leur promptitude :

> [...] parce que l'éclat vient de la force des vibrations et la couleur de leur promptitude[1].
>
> La force ou l'éclat des couleurs vient donc aussi du plus et du moins de force des vibrations, non de l'air, mais de la matière

1. Nicolas Malebranche, *La Recherche de la Vérité*, éclaircissement XVI, éd. de 1700.

> subtile ; et les différentes espèces de couleurs du plus et du moins de promptitude de ces mêmes vibrations[1].

Ce faisant, Malebranche renouvelle la représentation conceptuelle des couleurs et échappe pour l'essentiel aux déterminations subjectives que nous avons rencontrées chez Newton impliquant une corrélation entre la force ou l'éclat de la couleur et sa longueur d'onde.

Le concept de promptitude fournit donc une caractérisation de la couleur susceptible de mesures objectives ; celles-ci par ailleurs apparaissent particulièrement délicates à réaliser pour Malebranche :

> Mais il me paraît impossible de découvrir précisément par ce moyen, ni même par aucun autre, les rapports exacts de promptitude de ces vibrations[2]...

Nous pensons donc que le terme de *bigness* renvoie bien à la longueur d'onde ; mais peut-on dire pour autant, comme A. I. Sabra[3] que Newton a précédé Malebranche de plus de vingt-trois ans dans sa formulation explicite de la caractérisation des diverses couleurs par leur longueur d'onde ou leur fréquence ? Au regard de notre rapide analyse précédente concernant la mécanisation des phénomènes de la couleur chez Newton, il nous apparaît impossible de comparer les conceptualisations de Malebranche et de Newton. Bigness et promptitude n'appartiennent pas tous les deux au même type d'intelligibilité. Si Malebranche, en précisant la notion d'éclat, s'engage dans la voie, avec le concept de promptitude, d'une mise en place conceptuelle dégagée des considérations subjectives, il est loin d'en être de même pour Newton.

---

1. *Ibid.*
2. *Ibid.*
3. A. I. Sabra, « Newton and the "Bigness" of vibrations », *Isis*, n° 54, 1963, p. 268.

Par conséquent, même si d'un certain point de vue Newton précède historiquement Malebranche, le concept malebranchiste de promptitude représente, dans sa portée et dans ses fondements, par rapport à celui de *bigness*, un acquis considérable permettant de clarifier le domaine propre à l'optique physique en ouvrant la voie aux mesures objectives ; or c'est bien sur la mesure objective des longueurs d'onde que va reposer l'optique ondulatoire de Young et de Fresnel.

L'expérience des trous d'Young

Thomas Young (1773-1829), savant aux intérêts multiples, porte une attention particulière aux phénomènes vibratoires. C'est dans ce cadre, en adoptant une perspective résolument ondulatoire dans la tradition hugonienne, qu'il reprend l'analyse des phénomènes lumineux. Il est alors amené à mettre en place une remarquable expérience, dite maintenant des trous d'Young, qui permet une détermination objective des longueurs d'onde associées aux couleurs observées. Cette expérience à laquelle personne n'avait pensé avant lui trouve bien évidemment son origine, profondément vibratoire, dans l'idée suivant laquelle de la lumière ajoutée à la lumière peut engendrer de l'obscurité.

Nous reprenons maintenant l'expérience de Young en modernisant légèrement, pour plus de clarté, l'exposition mathématique.

Considérons deux trous très petits S_1 et S_2, identiques, percés dans un écran opaque et à la même distance de la fente lumineuse F. Si l'on ne faisait intervenir que l'optique géométrique on aurait seulement deux taches lumineuses en P'_1 et P'_2. En fait chaque petite ouverture diffracte (voir infra chapitre IV) la lumière qui s'étale dans le plan (P). Tout se passe comme si S_1 et S_2 étaient de véritables sources, mais les vibrations qu'elles diffractent sont dues à une source unique F et sont par conséquent, comme on le dit aujourd'hui, cohérentes. C'est dans la région M_1 M_2 où se superposent les faisceaux diffractés que l'on peut observer les franges d'interférences.

Des bandes rectilignes, en première approximation, alternativement claire et noires apparaissent. Young vient d'obtenir de l'obscurité en ajoutant de la lumière à la lumière. C'est à partir de la détermination de l'interfrange que pourra être déterminée la longueur d'onde.

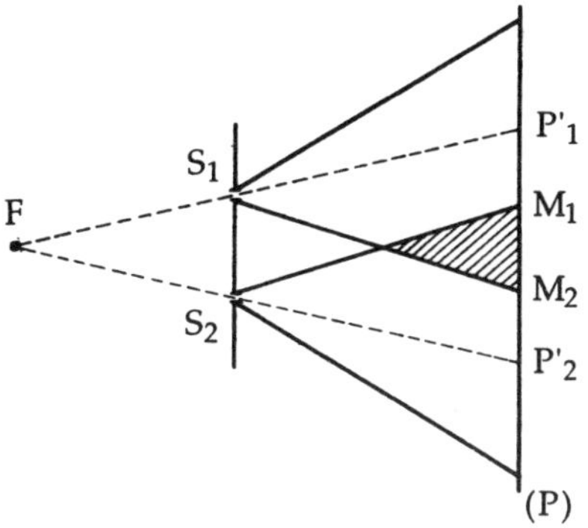

Figure 16

En un point quelconque M de l'écran P la différence de marche (c'est-à-dire la différence de longueur parcourue par deux radiations) est :

$\delta = S_2 M - S_1 M$

Posons

CO = D,

OM = y

et

$S_1S_2 = 2a$

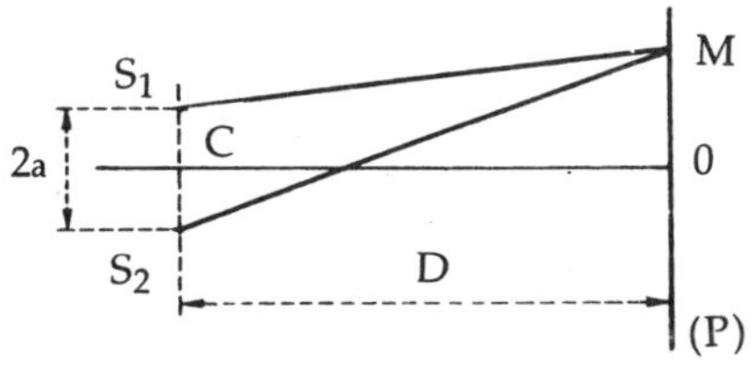

Figure 17

On a :

$$\delta = \sqrt{D^2 + (y + a)^2} - \sqrt{D_2 + (y - a)^2}$$

Comme nous observons les phénomènes au voisinage de 0, et 2a étant très petit devant D, il s'ensuit que : $\delta = \dfrac{2ay}{D}$

En première approximation les franges sont les droites parallèles et équidistantes. Elles sont dirigées perpendiculairement au plan de la figure. En outre dans un modèle vibratoire, si deux vibrations identiques se superposent, elles s'annulent lorsque leur différence de marche est égale à une demi-longueur d'onde ou à un multiple impair de la demi-longueur d'onde ($\delta = \frac{(2K+1)\lambda}{2}$, k entier) et elles se renforcent si la différence de marche est égale à une longueur d'onde ou à un multiple entier de la longueur d'onde ($\delta = k\lambda$, k entier).

Dans le cas de l'expérience de Young les franges brillantes sont définies par : $\delta = k\lambda$ d'où $y = k\frac{\lambda D}{2a}$.

À chaque valeur de k correspondent deux franges brillantes symétriques par rapport à la frange centrale. Les franges brillantes sont équidistantes et l'interfrange i, distante constante qui les sépare, est donnée par : $i = \frac{\lambda D}{2a}$.

Les longueurs D et 2a sont connues par construction du montage expérimental, Young peut donc calculer la longueur d'onde de chaque lumière monochromatique utilisée : $\lambda = \frac{2ai}{D}$.

Pour donner une idée : si l'interfrange est de 1 mm pour D = 2m et 2a = 1,2 mm on trouve une longueur d'onde $\lambda = 0{,}6\ \mu$. ($1\mu = 10^{-6}$ m)

La voie est donc maintenant ouverte pour la détermination objective des longueurs d'onde.

Les franges sombres sont définies par :

$$\delta = (2k+1)\frac{\lambda}{2} \quad \text{d'où,} \quad y = \frac{(2k+1)D\lambda}{4a}.$$

Ces franges sont équidistantes et s'intercalent au milieu des intervalles des franges brillantes. Ces résultats sont repris et complétés sur le plan théoriques par Augustin Fresnel.

Les couleurs invisibles

Le spectre solaire minutieusement étudié et décrit par Newton (voir chapitre II) fit l'objet au XVIIIe siècle de nouvelles investigations. La construction des premiers objectifs achromatiques conduisit, en particulier, à une amélioration du matériel utilisé et, par conséquent à une connaissance plus précise du phénomène de la dispersion. D'autres sources lumineuses furent analysées sommairement comme, par exemple, la flamme d'alcool salé qui ne présente guère qu'une couleur jaune.

Cependant c'est le spectre solaire qui resta l'objet de toutes les attentions et qui constitua l'essentiel des recherches. Il apparut entre autres très important d'étudier, dans le cadre du développement des réflexions sur la chaleur et la théorie du calorique, si le spectre ne présentait pas, suivant les rayonnements colorés considérés des effets thermiques. C'est dans une telle perspective que l'abbé Rochon lu à l'Académie Royale des Sciences lors de la séance du mercredi 5 juin 1782 un mémoire qui sera publié à Paris en 1783 dans le *Recueil de mémoires sur la mécanique et la physique* sous le titre « Essai sur les degrés de chaleur des rayons colorés » (p. 348-355). Nous y lisons, dès les premières lignes :

> [...] nous nous bornons à examiner, dans ce mémoire, si les rayons qui différent en réfrangibilité, produisent sur un thermomètre des degrés de chaleur sensiblement différents.

Ce nouvel aspect de l'investigation du spectre solaire a été développé également à la même époque par Marsilio Landriani en Italie et par Jean Senebier à Genève.

Cependant les mesures ne seront pas à la hauteur des espoirs que pouvaient susciter les efforts mis en œuvre. Rochon avoue à propos de ses expériences : « Je n'en ai aucune dont je sois parfaitement satisfait[1].»

Ces dernières ont donc eu lieu en 1775 et 1776. Mais, d'après Rochon, en 1775 le montage expérimental n'étant pas encore tout à fait au point : « je n'étois pas parvenu à connoître les précautions nécessaires à des recherches aussi délicates » seuls les résultats obtenus entre juin et septembre 1776 sont retenus et présentés. Ils conduisent à la conclusion suivante :

> Il résulte de toutes ces expériences, malgré les grandes différences qui s'y trouvent, quelque attention que j'y aye apportée : 1° que le rapport de chaleur du rouge clair au violet le plus vif est à peu près comme 8 à 1, car les rayons extrêmes ne peuvent pas se comparer ; 2° que la chaleur du jaune orangé diffère peu de celle que produit le rouge ; de sorte qu'il est à présumer que les rayons les plus chauds sont entre le rouge clair et le jaune, et de ce point la chaleur des rayons diminue considérablement plus du côté du violet, que de celui du rouge foncé[2].

Si globalement la démarche expérimentale et l'ensemble des résultats contenus dans l'« Essai sur les degrés de chaleur des rayons colorés » sont intéressants, l'incertitude sur les mesures relatives aux rayons extrêmes est malheureuse et n'invite pas l'expérimentateur à déplacer son thermomètre au-delà des limites du spectre visible.

C'est en revanche ce que réalisera en 1800-1801 William Herschel (1738-1822). Dans son article publié en 1800 dans les *Philosophical Transactions of the Royal Society of London* (p. 255-283) sous le titre *Investigation of the Powers of the Prismatic Colour of Heat and Illuminate Objects ; With Remarks, that from the Different Refrangibility of Radiant Heat*, Herschel, à l'aide d'un thermomètre très sensible montre, comme Rochon, que

1. "Essai sur les degrés de chaleur des rayons colorés", p. 351.
2. *Ibid.*, p. 354-355.

l'échauffement augmente à mesure que l'on s'éloigne du violet, mais il observe également qu'un maximum est atteint au-delà du spectre visible, du côté du rouge. L'idée d'un rayonnement invisible se fait jour. Il importait ensuite de montrer expérimentalement que ce rayonnement se comportait comme le rayonnement visible (travaux de Saussure, Pictet, Bérard, T. J. Seebeck, Melloni, Foucault, Fizeau etc.) pour être en mesure alors de conclure à l'existence, au-delà du rouge perçu, d'autres rayonnements.

Vers la même époque, confirmant certaines observations empiriques, Johann Ritter (1776-1810) projetant un spectre solaire sur une plaque couverte de nitrate d'argent, observe que le noircissement s'étend au-delà du spectre visible du côté du violet. Cette nouvelle extension du spectre étudiée par Thomas Young et Wollaston dans les deux premières décennies du XIXe siècle conduisit, là aussi, à l'idée qu'un rayonnement invisible existait au-delà du violet perçu.

L'ensemble de ces résultats associé au développement de la théorie électromagnétique de la lumière de James Clerk Maxwell, aux travaux expérimentaux de Hertz et aux nouveaux rayonnements découverts en 1895 par Wilhelm Röntgen (1845-1923), les rayons X, conduisirent à considérer que finalement le récepteur qu'est l'œil n'est sensible qu'à une bande très étroite de longueur d'onde allant de 0,4 à 0,7 micron ; c'est ce que nous appelons la lumière.

Parallèlement à ces travaux et dans le prolongement de l'étude du spectre de la flamme d'alcool salé se mit en place principalement dans la deuxième moitié du XIXe siècle des études systématiques des spectres de flammes, d'arcs, d'étoiles, puis, à l'aide des tubes à vide, de ceux des gaz raréfiés. Sans entrer dans le détail de ces recherches spectroscopiques, il importe cependant de rappeler que l'étude minutieuse des spectres et en particulier de la répartition des raies conduisit à l'élaboration de formules empiriques (formule de J. J. Balmer par exemple) qui joueront, associées aux travaux de Max Planck sur le corps noir, un rôle déterminant dans la construction du modèle atomique de Niels Bohr.

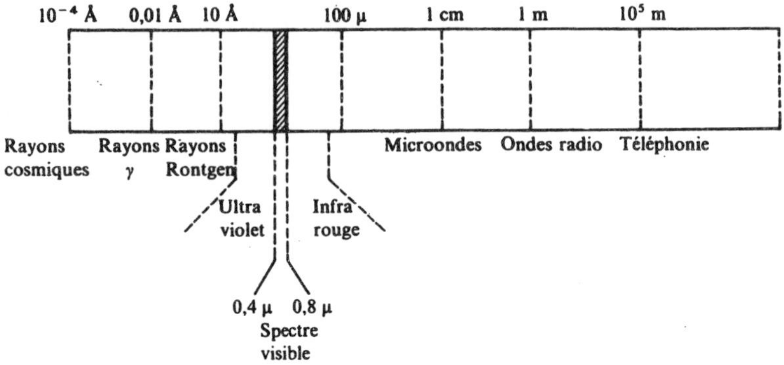

Figure 18
Échelles des ondes électromagnétiques

Le fait général construit des lumières monochromatiques est donc devenu ce par quoi l'investigation de la structure de l'atome a été rendu possible. Si l'horizon de l'expérience quotidienne est toujours présent, la science repose d'abord sur le travail de la pensée et l'engagement spéculatif. Elle est une construction en acte de la raison.

La lumière blanche : hétérogénéité/homogénéité

Le texte fondateur de Newton de 1672 (voir chapitre II), centré sur *l'experimentum crucis*, conduit semble-t-il nécessairement à considérer la lumière blanche comme composée, en reprenant les termes de Newton, d'un agrégat de lumières homogènes. C'est d'ailleurs ainsi que l'on considère encore généralement aujourd'hui la lumière blanche. Une telle conception reposant sur un large corpus d'expérience mais fondamentalement sur *l'experimentum crucis* newtonien résiste-t-elle à l'analyse ? Nous montrerons d'abord que cet *experimentum crucis* n'est pas un *experimentum crucis,* puis, dans un deuxième temps, qu'il est possible d'envisager différemment la structure de la lumière blanche dans son rapport avec les lumières monochromatiques.

• L'experimentum n'est pas un *experimentum crucis*

Le raisonnement de Newton s'inspirant largement d'une démarche de style baconien et déterminant sur la base de l'*experimentum crucis* la nature et la lumière blanche peut être schématisé ainsi :

L'observation des couleurs et de la forme du spectre conduit en dernière analyse à deux suppositions et deux seulement :

- ou les couleurs et leur dispersion sont engendrées par le prisme ;
- ou elles appartiennent, ainsi que leur différence de réfrangibilité, aux rayons depuis leur origine.

Si la première hypothèse est la véritable, il s'ensuit que la lumière blanche est simple et homogène, et que les couleurs seront des perturbations, des modifications ou des altérations de la lumière blanche primitive. Si c'est la deuxième, la lumière dans ce cas est un agrégat hétérogène de divers rayons séparés simplement par le prisme, conformément à leur degré originel de réfrangibilité.

Or, que nous indique l'*experimentum crucis* ?

Celui-ci établit qu'un rayon isolé, d'une couleur et d'une réfrangibilité données, en émergeant du premier prisme, ne subit, en traversant le deuxième, aucune nouvelle modification ou altération, tant du point de vue de sa couleur que de son degré de réfrangibilité. Par conséquent, chaque rayon étant inaltérable, la lumière blanche n'est pas simple et homogène mais hétérogène, c'est-à-dire constituée d'un agrégat de rayons possédant chacun, de façon originelle, une couleur et un degré donné de réfrangibilité.

Que cette démonstration puisse paraître concluante, cela ne fait pas de doute et, pourtant, en aucun cas, elle n'est réellement décisive car elle repose sur l'idée que le résultat, établi sur chaque rayon pris séparément, est encore valable lorsque tous ces rayons se trouvent mélangés. Pourquoi la lumière blanche ne serait-elle pas modifiée lors de la première réfraction de telle sorte qu'elle acquiert de nouvelles propriétés inaltérables aux réfractions suivantes ? Ou bien, de façon plus précise : pourquoi la première réfraction n'engendrerait-elle pas la multiplicité des lumières monochromatiques à partir d'une lumière blanche homogène ?

Il est clair qu'une telle interrogation est essentiellement guidée par des conceptions homogènes de la lumière blanche, qui par conséquent, ne semblent pas être, dans cette perspective *a priori* incompatibles avec les résultats de l'*experimentum crucis*. Aussi les premières réactions anti-newtoniennes des contemporains viendront-elles principalement des tenants de l'optique des milieux qui perçurent plus facilement l'insuffisance de la démonstration de Newton ; mais c'est seulement au XIXe siècle que Georges Gouy, aidé d'un outillage mathématique perfectionné, comme nous le verrons bientôt, put conduire jusqu'à sa conclusion la critique de l'*experimentum crucis* en répondant clairement aux questions posées ci-dessus. Cela étant, l'interprétation newtonienne de l'*experimentum crucis* se comprend parfaitement si l'on se place d'emblée comme Newton dans le cadre d'une approche corpusculaire de la lumière où le prisme n'a pour rôle que de séparer les divers corpuscules constituant la lumière incidente parvenant sur sa surface. Ainsi l'*experimentum crucis* n'est un *experimentum crucis* qu'au prix de l'introduction d'une hypothèse supplémentaire, non explicitée clairement par Newton, relative à la structure corpusculaire de la lumière.

Une autre interprétation est possible en terme de théorie ondulatoire de la lumière.

• La thèse de Georges Gouy

Georges Gouy a publié en 1886, dans le cadre de la théorie ondulatoire de la lumière, un mémoire intitulé : « sur le mouvement lumineux » ayant « pour objet l'étude théorique des effets produits par les mouvements complexes qui constituent les rayons lumineux réels[1] » ; ce travail le conduit à proposer une interprétation de la structure de la lumière blanche qui renouvelle la conception avancée de Newton.

Position du problème

La théorie ondulatoire de la lumière, dans les explications qu'elle fournit des phénomènes optiques, a pour objet immédiat le mouvement simple dans lequel la vitesse vibratoire en un point quelconque est donnée par une équation de la forme :

$$V = a \,.\, \sin 2 \left(\frac{t}{\theta} + b \right) \qquad (1)$$

déterminant une suite illimitée de vibrations d'une régularité absolue de période θ ; dans la réalité, de telles conditions de régularité et de durée ne sont jamais remplies puisqu'elles supposent que chaque source émette de toute éternité sans la moindre altération et que le mouvement se comporte toujours comme s'il formait la suite entièrement illimitée que définit l'équation (1).

Dans cette situation,

> [...] on répond d'ordinaire en supposant que les sources lumineuses produisent des séries de vibrations régulières, mais troublées de temps à autre par des perturbations subites ou de

1. *Journal de physique théorique et appliquée*, 2e série; Tome V, année 1886, p. 354-362.

> courte durée. Si la série entre deux perturbations comprend un grand nombre de vibrations, on peut prévoir que l'effet moyen d'un pareil mouvement différera peu de celui d'un mouvement simple.

Mais cette explication reste essentiellement hypothétique et, par-là même, « ne peut servir de base à une étude rationnelle du problème » d'autant que, d'une part, « nous verrons que, pour les sources donnant des spectres continus, on peut se faire une idée beaucoup moins étroite du mouvement lumineux » et que, d'autre part, l'explication donnée précédemment :

> [...] ne nous apprend rien sur les effets des perturbations elles-mêmes, qui paraissent jouer un rôle important dans la constitution des spectres fournis par les vapeurs et les gaz incandescents[1].

En fait, d'un point de vue pratique, l'analyse de Gouy va consister à répondre à la question :

Est-on en droit, lors de l'étude des phénomènes optiques, quel que soit l'appareil optique, de substituer à l'émission réelle plusieurs radiations monochromatiques différant toutes en longueurs d'onde ?

En vertu de cette équivalence, nous serons libres de représenter la lumière blanche, soit par une superposition d'ondes monochromatiques, soit, dans la mesure où les conditions relatives aux distributions énergétiques sont satisfaites, par une succession de pulsations irrégulières. Mais ce résultat ne sera véritablement proposé par Gouy qu'à l'issue d'une réinterprétation d'un certain nombre d'observations réalisées en lumière blanche par Fizeau et Foucault impliquant d'après ces deux savants « une régularité persistante dans l'émission des ondes successives[2] ».

---

1. *Ibid.*, p. 355.
2. *Ibid.*, p. 355.

Traitement du problème

Principe de la résolution :

> Pour traiter la question à un point de vue général, nous laisserons entièrement arbitraire le mouvement lumineux incident. À l'aide de la formule de Fourier nous représenterons ce mouvement par la superposition de mouvements simples tels que (1), pour lesquels nous savons calculer l'effet de l'appareil ou du système optique que nous voulons étudier. D'après le principe de la superposition des petits mouvements, chacun de ces mouvements simples se comportera comme s'il existait seul, et leur superposition formera le mouvement réel, dont il ne restera qu'à discuter l'expression[1].

Pour simplifier la discussion, nous considérerons une onde plane polarisée rectilignement (direction fixe du vecteur lumineux ou électrique) et porterons notre attention sur un point M par lequel passe la perturbation. Ce point appartient à un plan (M) normal aux rayons incidents et situé à l'entrée d'un système optique donné.

Si la vitesse de la perturbation en M est υ, nous pouvons dans le cas le plus général l'exprimer sous la forme d'une fonction du temps :

$$\upsilon = f(t) \qquad (2)$$

Considérons pour déterminer l'intensité lumineuse le mouvement pendant un intervalle de temps 2T (T étant pris arbitrairement).

> 🕮 Nous pouvons écrire, pour toutes les valeurs de t comprises entre 0 et 2T, suivant le théorème de Fourier :
>
> $$f(t) = Q + \frac{1}{T}\sum_{1}^{\infty}\left(A_n \sin\frac{n\pi t}{T} + B_n \cos\frac{n\pi t}{T}\right) \qquad (3)$$

1. *Ibid.*, p. 355-356.

avec

$$Q = \frac{1}{2T} \int_0^{2t} f(t)\, dt \tag{4}$$

$$A_n = \int_0^{2t} f(t) \sin \frac{n\pi t}{T}\, dt \tag{5}$$

$$B_n = \int_0^{2t} f(t) \cos \frac{n\pi t}{T}\, dt$$

Puisque le terme Q exprime le déplacement du point M sur le plan (M), entre les instants 0 et 2 T, divisé par 2 T, nous pouvons, en choisissant T suffisamment grand, dans le cas des mouvements périodiques, faire en sorte que la quantité Q soit aussi petite que nous le voulons et ainsi la négliger.

Nous prendrons :

$$F(t) = \frac{1}{T} \sum_1^{\infty} \left(A_n \sin \frac{n\pi t}{T} + B_n \sin \frac{n\pi t}{T} \right)$$

comme point de départ des calculs ultérieurs, et nous substituerons ainsi au véritable mouvement incident f (t), un autre mouvement qui lui est identique dans l'intervalle considéré de 0 à 2 T, et qui peut en différer en dehors de cet intervalle[1].

En posant $\vartheta_n = \frac{2T}{n}$, F (t) s'écrit alors :

$$F(t) = \frac{1}{T} \sum_1^{\infty} \left(A_n \sin 2\pi \frac{t}{\vartheta_n} + B_n \cos 2\pi \frac{n\pi t}{T} \right) \tag{6}$$

Sous cette forme, le mouvement F (t) peut être regardé comme formé par la superposition de mouvements simples d'une durée et d'une régularité absolues dont l'équation générale est :

1. *Ibid.*, p. 357.

$$\upsilon_n = \frac{1}{T}\left(A_n \sin 2\pi \frac{t}{\vartheta_n} + B_n \cos 2\pi \frac{t}{\vartheta_n}\right) \qquad (7)$$

Avec : $\upsilon = \upsilon_1 + \upsilon_2 + \ldots + \upsilon_n + \ldots$

Cela étant, considérons maintenant un point P quelconque à l'intérieur du système optique. Soit υ'_n la vitesse vibratoire en P pour un mouvement tel que (7) :

$$\upsilon'_n = \varphi(\vartheta_n)\frac{1}{T}\left(A_n \sin 2\pi\left(\frac{t}{\vartheta_n} + X_n\right) + B_n \cos 2\pi\left(\frac{t}{\vartheta_n} + X_n\right)\right) \qquad (8)$$

$\varphi(\vartheta_n)$ désigne le rapport des amplitudes qui existeraient au point P et sur le plan (M) si le mouvement incident était un mouvement simple de période ϑ_n.

Dans cette perspective, la vitesse υ' totale en P résultera de la superposition de toutes les vitesses de la forme υ'_n :

$$\upsilon' = \frac{1}{T}\sum_1^{\infty}\left(\varphi(\vartheta_n)\left(A_n \sin 2\pi\left(\frac{t}{\vartheta_n} + X_n\right) + B_n \cos 2\pi\left(\frac{t}{\vartheta_n} + X_n\right)\right)\right) \qquad (9)$$

Par conséquent « la force vive moyenne ou intensité lumineuse » sera exprimée en fonction de υ'^2 ; mais, sous cette forme « la réduction de la formule (9) présente en général des difficultés insurmontables », par contre, le problème devient très simple si l'on considère les mouvements lumineux constants, c'est-à-dire ceux qui donnent des phénomènes indépendants du temps, ce qui est le cas ordinaire[1] ou, du moins, pour lesquels l'énergie moyenne est indépendante de la longueur de l'intervalle de temps. Si nous supposons par la suite que F (t) est de cette nature, il nous suffira de connaître la force vive moyenne I ou intensité lumineuse au point P :

$$I = \frac{1}{2T}\int_0^{2t} \upsilon'^2 dt.$$

À l'issue d'un calcul classique d'intégration, nous obtenons :

1. *Ibid.*, p. 358.

$$I = \frac{1}{2T^2} \sum_1^{\infty} \left(\left(\varphi(\vartheta_n) \right)^2 \left(A_n^2 + B_n^2 \right) \right)$$

Or, si nous désignons par I_n l'intensité lumineuse moyenne que produirait en P le mouvement défini par (8),

I =

$$\frac{1}{2T} \int_0^{2t} \left(\frac{1}{T^2} \varphi(\vartheta_n)^2 \left(A_n \sin 2\pi \left(\frac{t}{\vartheta_n} + X_n \right) + B_n \cos 2\pi \left(\frac{t}{\vartheta_n} + Xn \right) \right)^2 \right) dt$$

nous obtenons, après intégration :

$$I_n = \frac{1}{2T^2} \varphi(\vartheta_n)^2 \left(A_n^2 + B_n^2 \right)$$

D'où

$$I = \sum_1^{\infty} I_n$$

Par conséquent :

> *[...] l'intensité lumineuse en un point quelconque, dans le cas d'une lumière constante, est la somme des intensités que donnerait, pris séparément, chacun des mouvements simples dont l'expression est donnée par les formules (5) et (7), dans lesquelles on doit supposer T très grand*[1].

Le calcul de l'intensité lumineuse justifie « le principe physique de l'indépendance des rayons d'espèces différentes » et permet de simplifier le traitement de la lumière non monochromatique en considérant toutes les sources connues de lumière comme émettant un grand nombre de radiations, chacune étant monochromatique, mais différentes entre elles en longueur d'onde. De fait, nous sommes libres, suivant le problème considéré, de représenter la lumière blanche par cette superposition, mais, nous sommes également libres de considérer, dans la mesure où les conditions relatives à la distribution énergétique

1. *Ibid.*, p. 359.

sont satisfaisantes, que celle-ci est constituée d'une succession de pulsations irrégulières.

Cette nouvelle représentation de la lumière blanche ne sera proposée, en réalité, par Gouy qu'à l'issue d'une étude de l'analyse spectrale dont l'objet, comme le rappelle R. W. Wood :

> [...] est de montrer que l'expérience de Fizeau et Foucault ne prouvait rien quant à la régularité de la vibration dans une source de lumière blanche, le nombre de franges observables, c'est-à-dire la différence de marche possible, dépendant seulement du pouvoir séparateur du spectroscope employé pour les découvrir[1].

L'analyse des spectres cannelés

Pour bien comprendre la problématique de Gouy, il faut se rappeler que Fizeau et Foucault en 1845 et 1846[2] constatèrent expérimentalement que d'une part, en faisant interférer, à l'aide du montage des « miroirs de Fresnel », deux rayons dont la différence de marche est de plusieurs milliers de longueur d'onde, on n'apercevait pas de frange, mais que, d'autre part, si l'on faisait tomber le faisceau sur un spectroscope on observait un spectre sillonné de bandes obscures (appelés cannelures) correspondant aux radiations simples éteintes par interférence.

---

1. R.-W. Wood, *Optique physique*, ouvrage traduit de l'anglais par H. Vigneron et H. Labrouste, Gauthier-Villars, 1913, p. 403.
2. Fizeau et Foucault publièrent deux mémoires se rapportant au même sujet et formant les deux parties d'un même travail : le 24 novembre 1845 « Mémoire sur le phénomène des interférences entre deux rayons de lumière dans le cas des grandes différences de marche » (comptes rendus des séances de l'Académie des Sciences, Tome XXI, p. 1155 ; Annales de Chimie et de Physique, 3e série, Tome XXVI, p. 138), et le 9 mars 1846 : « Mémoire sur la polarisation chromatique produite par les lames épaisses cristallisées » (comptes-rendus des séances de l'Académie des Sciences, Tome XXII, p. 422 ; Annales de Chimie et de Physique, 3e série, Tome XXX, p. 146).

De nombreux savants citèrent cette expérience à l'appui de l'existence de régularité dans la lumière blanche ; en particulier, H. Poincaré écrivit :

> [...] l'expérience de Fizeau et Foucault nous enseigne que le mouvement lumineux présente une certaine espèce de permanence[1].

C'est cette conclusion, tirée de l'expérience de Fizeau et Foucault, que Gouy, d'un point de vue théorique, va attaquer dans la suite de son mémoire. Puis, combinant alors l'ensemble de ses résultats, il pourra proposer une nouvelle représentation de la lumière blanche libérée des notions de régularité.

Nous considérons que notre système optique, comme l'impose le problème que nous discutons, est constitué par un appareil interférentiel. Si nous représentons la lumière blanche par la superposition d'une infinité de mouvements simples donnés par le théorème de Fourier, des interférences peuvent se produire pour chacun d'eux et, par conséquent,

> [...] le phénomène réel sera formé par la superposition des systèmes de franges que donnerait chaque mouvement simple pris séparément[2].

(L'intensité lumineuse réelle est la somme des intensités que donnerait chaque mouvement simple).

D'après les résultats classiques de l'optique :

> Suivant que ces systèmes de franges seront concordants ou discordants, il y aura ou non des franges visibles[3].

Gouy étudie alors deux cas : dans le premier, la lumière incidente est quasiment monochromatique et l'on produit des fran-

---

1. H. Poincaré : « Sur le spectre cannelé » (comptes rendus des séances de l'Académie des Sciences, séances du lundi 8 avril 1895, Tome CXX, p. 757-762).
2. *Op. cit.*, chapitre III, note 1, p. 77, p. 361.
3. *Ibid.*

ges à l'aide seulement de l'appareil interférentiel, dans le second, la lumière incidente est blanche et l'on fait usage d'un appareil spectral pour observer les franges.

La première étude l'amène à conclure qu'il existe une relation nécessaire entre le degré d'homogénéité de la lumière, tel qu'on le détermine au spectroscope, et la visibilité des franges d'interférence dans telle condition donnée, sans qu'il soit nécessaire de faire d'hypothèse sur la régularité du mouvement ; tandis qu'à l'issue de la deuxième étude, Gouy peut écrire :

> En particulier dans l'expérience de MM. Fizeau et Foucault, les franges seront visibles toutes les fois que le spectre sera assez pur et la lunette assez puissante pour qu'on puisse séparer deux franges voisines[1].

Par conséquent :

> [...] l'existence de franges d'interférences à grande différence de marche, dans le cas des sources à spectres continus et de la lumière blanche, n'implique nullement la régularité du mouvement lumineux incident. Cette régularité existe dans le spectre, mais c'est l'appareil spectral qui la produit, en séparant plus ou moins complètement les divers mouvements simples qui, jusque-là, n'avaient qu'une existence purement analytique[2].

Le problème soulevé par l'observation des spectres cannelés étant maintenant résolu, la conclusion générale s'impose :

> Pour considérer un cas extrême, à titre d'exemple, on peut regarder la lumière blanche comme formée par une suite d'impulsions tout à fait irrégulières, ou de vibrations sans cesse troublées, analogues au mouvement de trépidation qui, pour quelques physiciens, constitue le mouvement calorifique. Cette hypothèse assez vraisemblable permet d'expliquer simplement la continuité parfaite du spectre, assez difficile à comprendre si

---

1. *Ibid.*
2. *Ibid.*, p. 362.

> l'on considère la source lumineuse comme produisant des séries distinctes de vibrations régulières[1].

De même plus récemment P. Fleury et J. P. Mathieu écrivent dans le tome V de leur *Physique générale et expérimentale* (Éditions Eyrolles, 1970, p. 102 ; première édition 1961) :

> [...] Chaque centre lumineux dans un corps incandescent doit émettre des trains d'onde finis. On s'est jadis demandé si l'on devait considérer la lumière blanche comme formée d'un mélange de tous ces trains d'onde ou comme le résultat de leur composition. On sait aujourd'hui que la question est illusoire, en ce sens qu'on ne connaît pas d'expérience permettant de choisir entre les deux conceptions. Dans la première, les trains d'onde existent dans le faisceau de lumière blanche. Le spectroscope les sépare et ils sont capables d'interférer...
>
> Du second point de vue, les diverses vibrations émises par la source se composent en un mouvement résultant qui se propage, sous la forme d'un train d'onde très court, ne présentant même plus aucun caractère de périodicité, et constituant une pulsation d'énergie rayonnante.

Il en résulte que les thèses newtoniennes ne représentent qu'une conception possible de la lumière blanche, mais une conception privilégiée, en ce sens qu'elle permet de simplifier considérablement l'étude des phénomènes optiques. Il n'en reste pas moins que les travaux de Gouy impriment un caractère fondamentalement méthodologique au choix de l'interprétation newtonienne.

---

1. *Ibid.*

Chapitre IV

LES THÉORIES PHYSIQUES DES PHÉNOMÈNES DE LA COULEUR

Dans les chapitres II et III nous avons montré comment s'est mise en place, par l'élaboration conjointe des concepts de lumière homogène ou monochromatique et de longueur d'onde, une caractérisation physique objective de ce qu'on appelle couleur. Il importe maintenant de rendre compte de l'apparition de phénomènes colorés, c'est-à-dire d'expliquer leur genèse dans le cadre des théories physiques de la lumière. L'étude des couleurs apparaissant à la surface des lames minces ou à l'occasion des phénomènes de la diffraction de la lumière nous permettra d'une part de dégager les enjeux conceptuels liés aux choix des théories de la lumière (théorie corpusculaire ou théorie ondulatoire) et d'autre part de montrer l'importance qu'il y a, dans la construction d'une physique de la lumière et des couleurs à se libérer des éléments associés à la physiologie de l'œil ou aux considérations subjectives (voir en particulier la théorie des lames minces de Hooke). Nous laisserons, en revanche, de côté les phénomènes colorés liés à la polarisation.

Les phénomènes colorés des lames minces

• La théorie corpusculaire : Newton

Dans le chapitre II nous avons décrit les expériences de Newton réalisées en lumière blanche et en lumière monochromatique. Nous avons également montré comment, sur la base de ces observations, Newton parvient au résultat fondamental relatif au phénomène des anneaux à savoir que les rayons des anneaux sombres varient comme les racines carrées des nombres entiers successifs. Il lui reste à fournir une explication physique de la genèse des anneaux et d'une façon plus générale du phénomène des lames minces. C'est l'objet de la théorie newtonienne des accès. Bien qu'il présente sa théorie comme une pure contribution positive (« *a bare discovery* »), déduite directement de l'expérience et constituant un simple compte rendu observationnel, cette théorie est modelée par des considérations sous-jacentes corpuscularistes comme cela apparaîtra clairement à l'occasion de l'analyse newtonienne de la réflexion partielle.

Pour mettre en place sa théorie Newton commence par rechercher de quelles grandeurs physiques sont fonctions les alternances de lumières et d'obscurité dans les phénomènes d'anneaux[1].

Au cours de ses observations, Newton a constaté que l'aspect des anneaux était indépendant du degré de convexité des lentilles mais dépendant de l'épaisseur de la lame d'air séparant les deux verres, et donc les deux surfaces réfringentes la limitant.

Par ailleurs, en humectant légèrement l'une ou l'autre des deux faces d'une lame de talc de Moscovie, Newton constate que dans les deux cas les couleurs deviennent plus pâles : par conséquent, les deux surfaces, comme l'indiquait déjà la remarque précédente, jouent un rôle dans la production des couleurs :

> Il paraît par l'observation XXI, qu'en mouillant l'une ou l'autre des surfaces d'une plaque de talc de Moscovie, les couleurs produites par la réflexion et la réfraction alternatives s'affai-

1. Newton, *Optique*, (traduction Jean-Paul Marat), Livre II, Partie III, proposition XX *et sq.*

> blissent aussitôt : cette réflexion et cette réfraction dépendent donc des deux surfaces.

Ainsi, à l'issue de ces expériences, il apparaît que les deux surfaces agissent conjointement dans la genèse des anneaux, et donc qu'un quelque chose lié à l'épaisseur (une information) doit se propager d'une surface à l'autre :

> Elles (la réflexion et la réfraction) dépendent aussi de quelque action propagée de la première à la seconde surface : autrement, les rayons étant une fois parvenus à la seconde, elles ne dépendraient plus de la première.

Mais l'expérience montre que les modifications apportées par le simple accroissement de l'épaisseur présentent une périodicité bien particulière : si pour une certaine épaisseur un anneau sombre est vu par réflexion (par exemple), nous sommes sûrs que d'autres anneaux sombres apparaîtront pour d'autres épaisseurs différentes entre elles de quantité constante ; il en sera de même pour les maxima de luminosité ou pour les anneaux colorés :

> Et cette action est propagée de manière à avoir constamment ses intermissions et ses retours à intervalles égaux, durant un nombre indéterminé de vicissitudes.

Quels sont donc les rôles que Newton assigne aux deux surfaces dans la genèse de ce phénomène périodique ?

> Tout rayon de lumière acquiert, en passant à travers une surface réfringente quelconque, une certaine constitution ou disposition transitoire qui dans le progrès du rayon revient à intervalles égaux, et fait que le rayon, à chaque retour de cette disposition, est transmis aisément à travers la surface réfringente qui vient immédiatement après, et qu'à chaque intermission de cet état, il est aisément réfléchi par cette surface.

Ainsi, la périodicité dans l'aspect du phénomène se retrouve dans le mouvement lumineux qui traverse la lame ; de telle sorte que si nous considérons qu'un rayon a été transmis par la première surface réfringente, il sera toujours disposé à intervalles égaux à être facilement transmis ou facilement réfléchi par une deuxième surface.

Newton appelle les retours à l'état dans lequel le rayon est disposé à être facilement réfléchi : ses Accès (« *fits* » qui renvoit en anglais à l'époque à un contexte médical relatif aux maladies présentant des aspects périodiques) de facile réflexion :

> Les retours de la disposition d'un rayon quelconque à être réfléchi, je les appelle Accès de facile réflexion.

et les retours à l'état dans lequel il est disposé à être facilement transmis : ses Accès de facile transmission :

> [...] j'appelle Accès de facile transmission, les retours de sa disposition à être transmis.

Newton définit également « l'intervalle des Accès », c'est-à-dire la distance parcourue par le rayon de couleur donnée entre deux Accès successifs identiques.

Comment cette théorie parvient-elle effectivement à rendre compte du phénomène observé ?

Si nous considérons un rayon d'une couleur et d'un degré donné de réfrangibilité transmis par la première surface (la surface supérieure), celui-ci sera après un intervalle complet à nouveau dans un état de facile transmission ; par conséquent, si l'épaisseur de la lame mince est égale à l'intervalle de l'Accès, le rayon sera transmis par la seconde surface (la surface inférieure), et la même chose se produira pour des épaisseurs égales à deux, trois, quatre... fois l'intervalle de l'Accès. Cela explique pour Newton les anneaux sombres vus par réflexion, c'est-à-dire ceux qui apparaissent colorés lorsque la lumière est transmise par la deuxième surface. Par contre, si le rayon rencontre la seconde surface après un demi-intervalle, se trouvant alors dans un Accès de facile réflexion, il sera réfléchi vers la première surface (le demi Accès correspond à la réflexion totale ; autour de cette position la lumière est en partie réfléchie et transmise ; ce qui rend compte de la largeur de l'anneau d'ailleurs plus lumineux en sa partie centrale) ; de ce fait, parcourant à nouveau un demi-intervalle, ce rayon accomplira effectivement un cycle complet et sera ainsi dans un Accès de facile transmission, et donc transmis vers l'œil de l'observateur. La même chose se produira pour des épaisseurs égales à 3/2, 5/2, 7/2... fois l'intervalle de l'Accès de facile transmission. Cela explique pour Newton les anneaux colorés vus par réflexion, c'est-à-dire ceux qui apparaissent sombres par transmission.

Cela étant, il s'ensuit immédiatement que l'intervalle d'un Accès de facile transmission pour une couleur et un milieu donnés peut être calculé à partir de l'épaisseur de la lame mince correspondant au premier anneau coloré vu par réflexion, en multipliant simplement cette épaisseur par 2 (puisque dans ce cas le rayon est réfléchi par la deuxième surface avant d'être transmis par la première ; par conséquent, un Accès de facile transmission correspond à un aller et retour à l'intérieur de la lame mince).

Aussi, sachant avec Newton que l'épaisseur de la lame d'air correspondant au premier anneau « aux confins du jaune et de l'orangé » est de 1/178000 partie d'un pouce, il s'ensuit que l'intervalle d'un Accès de facile transmission pour cette couleur est de 2.1/178000 = 1/89000 partie d'un pouce ; il en sera de même pour l'Accès de facile réflexion :

> Si les rayons aux confins du jaune et de l'orangé passent perpendiculairement d'un milieu quelconque dans l'air ; les intervalles de leurs Accès de facile réflexion et de facile transmission seront la 89 000e partie d'un pouce.

Nous n'avons pas tenu compte jusqu'à maintenant, dans notre exposé de la théorie newtonienne, de la réflexion partielle se produisant sur la première surface et qui joue un rôle si important tant dans la théorie des lames minces de Robert Hooke que dans nos conceptions modernes (voir *infra* p. 99). En fait, Newton néglige totalement ce phénomène dans l'explication de la genèse des anneaux. Il ne peut malgré tout l'ignorer complètement, ce phénomène étant inhérent à toute réfraction.

Comment Newton interprète-t-il dans le contexte de sa théorie le phénomène de la réflexion partielle ? Ou comment Newton interprète-t-il le fait que les rayons soient ou bien transmis ou bien réfléchis en rencontrant la première surface ?

> La raison pour laquelle les surfaces de tous les corps transparents épais réfléchissent une partie des rayons incidents et réfractent le reste, est qu'au moment de leur incidence, ces rayons se trouvent, les uns dans des Accès de facile réflexion, les autres dans des Accès de facile transmission.
>
> [...] La lumière a ses Accès de facile réflexion et de facile transmission, avant de tomber sur les corps transparents : et il est à croire qu'elle les a dès qu'elle commence à émaner des corps lumineux, et qu'elle les retient durant tout son trajet.

Ainsi, d'après Newton, les Accès appartiennent probablement (« et il est à croire... ») aux divers rayons dès leur origine de telle sorte qu'en rencontrant une surface réfringente ceux qui sont dans un Accès de facile réflexion sont réfléchis (réflexion partielle), et ceux qui sont dans un Accès de facile transmission, transmis de façon à donner ensuite naissance aux anneaux. Par conséquent, Newton, en ne considérant dans le développement de sa théorie des lames minces que les rayons transmis par la première surface, parvient à expliquer le phénomène en négligeant totalement les rayons réfléchis.

Une telle théorie peut-elle être, comme l'affirme Newton, une « *bare discovery* », une pure contribution positive ?

La réponse à cette question s'impose d'elle-même sans entrer dans une discussion détaillée des difficultés inhérentes à cette théorie. Il suffit simplement de rappeler que Young (1773-1829) et surtout Fresnel (1788-1827) ont donné, comme nous le verrons bientôt, une interprétation expliquant complètement le phénomène sur la base des interférences entre les rayons réfléchis par la première et par la deuxième surface ; c'est-à-dire en accordant un rôle essentiel aux rayons réfléchis par la première surface, rayons que justement Newton avait négligés. La théorie des Accès relève donc, à travers le choix newtonien d'ignorer les rayons réfléchis par la première surface, de considérations pour une large part hypothétiques.

Quelle est alors la perspective privilégiée sous-jacente à la mise en place de cette théorie ?

Si nous revenons sur l'interprétation newtonienne de la réflexion partielle, il semble que, pour ce dernier, la surface supérieure ait pour rôle, non pas d'engendrer l'Accès de facile transmission, mais de sélectionner parmi l'ensemble des rayons l'atteignant ceux qui sont dans un état de facile transmission. De ce point de vue, les surfaces ne jouent qu'un rôle d'analyseur (au même titre que le prisme vis-à-vis de la lumière blanche), chaque rayon possédant originellement tel ou tel état. Nous retrouvons dans cette saisie du phénomène le mode caractéristique d'appréhension de l'atomiste Newton.

Nous pouvons d'ailleurs remarquer que Newton, dans le manuscrit Add 3975[1] d'une part, engage ses expériences sur les lames minces comprises entre les bases de deux prismes juste après celles relatives au prisme, et donc, de fait, se situe dans la perspective de son interprétation de la genèse des couleurs prismatiques ; et d'autre part, dans le paragraphe 34 du même manuscrit, Newton suggère une explication mécanique d'esprit corpusculariste de l'augmentation du diamètre des anneaux colorés avec l'obliquité.

Par conséquent, si les expériences en particulier des anneaux ont suggéré à Newton une certaine périodicité dans le mouvement lumineux, celle-ci a été interprétée par Newton dans la perspective privilégiée d'une conception corpusculaire de la

---

1. Édité par J. E. Mc Guire et Martin Tamny, *Certain philosophical questions : Newton's Trinity Note Book*, Cambridge University Press, 1983.

lumière, d'ailleurs probablement renforcée par les premiers et brillants résultats avec le prisme. C'est donc une fois de plus comme dans le cas de l'*experimentum crucis*, l'élément corpusculaire qui préside à la formulation de l'interprétation et qui ordonne la construction théorique.

• Les théories ondulatoires

Robert Hooke ou la persistance du physiologique

Dans les première pages de sa *Micrographia*, publié à Londres en 1664, Hooke décrit une série d'expériences relatives aux conditions d'apparition des couleurs dans les phénomènes de lames minces. Il y envisage d'ailleurs l'expérience dite des anneaux de Newton mais, ignorant le concept de lumière monochromatique, sans parvenir à la loi de croissance des dits anneaux (Il en est de même pour Christiaan Huygens dans divers manuscrits rédigés en novembre 1665 après sa lecture de la *Micrographia*[1]).

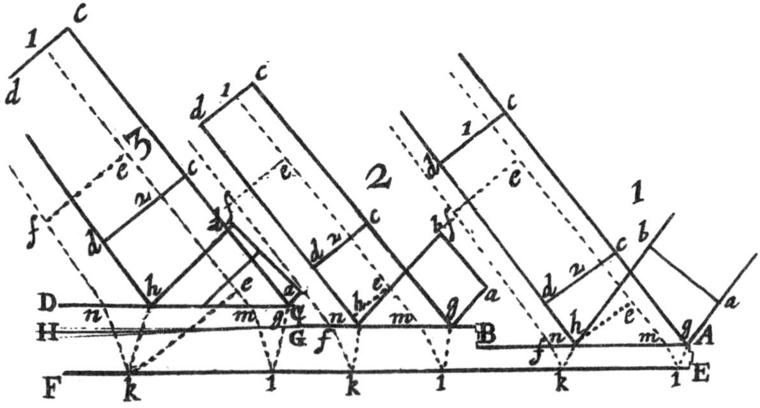

Figure 19

1. *Œuvres complètes de Christiaan Huygens*, Société hollandaise des sciences, 1888-1950, vol. XVII, p. 341-344.

Dans son explication des phénomènes de lames minces Hooke considère un rayon lumineux ou plutôt une partie de l'impulsion en orbe tombant obliquement[1] sur la région de la lame de verre ayant l'épaisseur la plus fine requise pour que le phénomène de la coloration ait lieu.

Une partie seulement du rayon subira sur cette surface une réflexion, l'autre partie pénétrant à l'intérieur de la lame ; cette dernière est réfractée une première fois, réfléchie en partie par la surface arrière de la lame, puis subit une deuxième réfraction, au niveau de la surface supérieure, avant d'émerger. Par conséquent, deux rayons lumineux ou deux impulsions émergent à la surface supérieure :

- le rayon qui n'a été que réfléchi par la surface supérieure et qui de ce fait a conservé, d'une part, sa partie de l'impulsion en orbe perpendiculaire à la direction de propagation et, d'autre part, un même espacement entre deux positions successives de l'impulsion ;
- le rayon qui a subi deux réfractions et une réflexion à l'intérieur de la lame ; ce rayon, du point de vue de sa structure, est identique au rayon incident en ce sens que sa partie de l'impulsion en orbe est perpendiculaire à la direction de propagation.

En conséquence, à l'émergence, les deux rayons ainsi que leurs parties d'impulsions en orbe seront parallèles. Comment distinguer alors le deuxième rayon du premier et expliquer la genèse des couleurs ?

Le deuxième rayon ayant traversé par deux fois la lame mince sera, d'une part, suivant Hooke, affaibli par ses deux réfractions et, d'autre part, en retard sur le rayon réfléchi. Il s'ensuit qu'à l'émergence nos deux rayons ne cheminent pas de

1. Voir *supra* chapitre 1, p. 20-21.

concert mais que l'impulsion la plus forte, non réfractée, précède la plus faible.

À partir de ce moment, divers cas peuvent se présenter suivant l'épaisseur de la lame :

- Si celle-ci est excessivement mince, le retard pris par le deuxième rayon est très faible, inappréciable ; aussi l'œil, plutôt que deux impulsions successives, n'en perçoit qu'une seule dont la partie la plus forte semble précéder la plus faible. Ceci produit la sensation du jaune.
- Si l'épaisseur de la lame augmente légèrement, comme dans le cas 2, la distance séparant l'impulsion la plus forte de la plus faible s'accroît et, par conséquent, l'action sur le fond de l'œil de la plus faible est plus en retard que précédemment. Ceci produit la sensation du rouge.
- Si l'épaisseur de la lame continue à augmenter et devient telle que l'impulsion la plus faible se trouve exactement au milieu entre l'impulsion la plus forte qui la précède et celle, qui venant juste d'être réfléchie la suit ; alors la sensation du pourpre est produite.

Il faut noter que le rôle de la périodicité des impulsions apparaît ici fondamental bien que Hooke ne l'ait pas clairement établi dans sa théorie de la lumière.

- Si l'épaisseur de la lame s'accroît encore, la partie la plus faible ne semble plus pour l'œil suivre la plus forte mais, puisqu'elle est en deçà du milieu de l'espace séparant les deux impulsions fortes, précéder cette deuxième impulsion venant d'être réfléchie contre la surface supérieure de la lame. Par conséquent, l'ordre des impulsions, du point de vue de leur force et de leur faiblesse, se trouve inversé : la plus faible précède, la plus forte suit ; un tel enchaînement produit la sensation du bleu.
- Si l'épaisseur augmente une nouvelle fois, l'impulsion la plus faible se rapproche de la plus forte située derrière et

engendre ainsi le vert ; puis, par augmentations successives de l'épaisseur de la lame, l'impulsion la plus faible est dépassée par la deuxième plus forte, et de ce fait, se trouve engendrée progressivement toute une nouvelle succession, dans le même ordre, des couleurs ; et ainsi de suite, une dizaine de fois.

Voici donc, pour l'essentiel, la théorie de Hooke concernant l'explication des couleurs apparaissant sur les lames minces, théorie que lui-même regrette de ne pouvoir pousser plus loin étant incapable de déterminer l'épaisseur des lames :

> [...] une chose qui paraît de la plus grande importance à propos de cette hypothèse, c'est de déterminer la plus grande ou la plus petite épaisseur requise pour ces effets, ce qui, bien que je n'ai pas manqué de l'essayer, mais ces lamelles colorées étant si minces et notre microscope si imparfait, jusque là je n'y suis pas parvenu, quoique si mes efforts couronnaient mes espoirs, j'espérerais offrir à mon lecteur intéressé quelques éléments dépassant nos possibilités actuelles[1].

Approfondissons maintenant quelque peu le sens de cette théorie.

Le principe de l'explication de la coloration des lames minces est rattaché à l'idée de la combinaison de deux impulsions ; peut-on voir, dans la théorie de Hooke, une préfiguration de la théorie moderne des interférences ? Pour répondre, avec une certaine précision à cette question, il nous faut dégager les divers éléments introduits par Hooke et nécessaires au bon fonctionnement de sa théorie.

Tout d'abord, son explication précise la conception du front d'onde comme étant une surface de phase constante. Ainsi, le retard du rayon qui traverse le verre correspond en partie à notre conception de la différence de marche optique qui joue un

1. Robert Hooke, *Micrographia*, p. 67.

rôle capital dans les phénomènes d'interférence bien que Hooke n'avance aucune donnée quantitative concernant cette différence de marche ou ce retard.

Ensuite, et de façon très habile, il concentre toute son explication sur le dédoublement du rayon incident au niveau de la première surface ; cette conception constitue aujourd'hui encore la clé de l'explication du phénomène de la coloration des lames minces.

Par contre, la genèse des couleurs, si elle fait bien appel à la combinaison de deux impulsions, l'envisage d'une façon toute différente de nos hypothèses modernes, nourries par les travaux de Newton et de Fresnel ; celles-ci s'appuient sur l'idée que les ondes de diverses fréquences, suivant leurs différences de marche optique, pourront s'ajouter ou se retrancher et ainsi permettre à certaines couleurs d'apparaître plus ou moins vivement que d'autres. Pour Hooke, la combinaison des impulsions n'est pas envisagée indépendamment de l'organe de la perception. L'apparition de telle ou telle couleur a une base physiologique s'inscrivant en outre dans le cadre général des théories de la modification et plus spécialement de la forme que Hooke leur a donné (voir chapitre I) ; le rayon retardataire ne peut se combiner au rayon qui le précède que dans la mesure où l'influence de ce dernier sur l'œil ne se dissipe pas instantanément ; c'est donc le fait de la persistance des images rétiniennes qui donne à la théorie de Hooke sa puissance explicative. Nous sommes là bien loin de la théorie moderne des interférences.

Par conséquent, la théorie de Hooke, sans être réellement une préfiguration de la théorie moderne des interférences susceptible de fournir une genèse rationnelle et quantitative dégagée de la subjectivité, apporte un certain nombre d'éléments nécessaires à la constitution de la théorie moderne des interférences.

Aspects de la théorie moderne fresnelienne des lames minces

Nous n'étudierons ici que deux exemples et cela sans entrer dans une analyse détaillée qu'il est aisé de trouver dans les manuels de physique. Nous considérerons donc d'une part le cas des franges d'égale inclinaison produites par une lame à face parallèle et d'autre part celui des anneaux de Newton.

Franges d'égale inclinaison produite par une lame à faces parallèles

Considérons une lame à face parallèles d'épaisseur e et d'indice n éclairée par une source étendue S de lumière monochromatique. Un rayon S_1 I_1 se dédouble en I_1 sur la lame et donne naissance à un rayon transmis I_1 J_1 et à un rayon réfléchi I_1 L_1. Le rayon I_1 J_1 se réfléchit en J_1 et émerge suivant $K_1L'_1$ parallèlement à I_1L_1. Les deux rayons parallèles I_1 L_1 et K_1 L'_1 se rencontrent dans le plan focal (P) d'un objectif O en F où ils interfèrent. Le même trajet peut être décrit à partir d'une source S_2.

Les différences de marche (I_1 J_1 K_1 L'_1 F) – (I_1 L_1 F) et (I_2 J_2 K_2 L'_2 F) – (I_2 L_2 F) sont égales. On a le même phénomène en F.

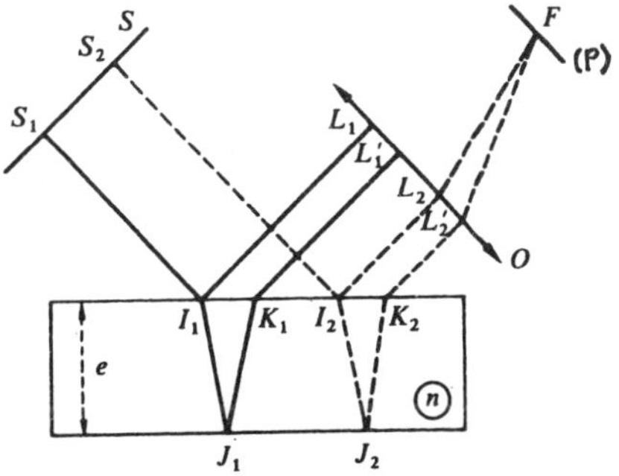

Figure 20

Calculons la différence de marche en F. Soit un rayon incident SI faisant avec la normale l'angle d'incidence i. Après réflexion sur les deux faces de la lame sont engendrés les rayons IL et KL'.

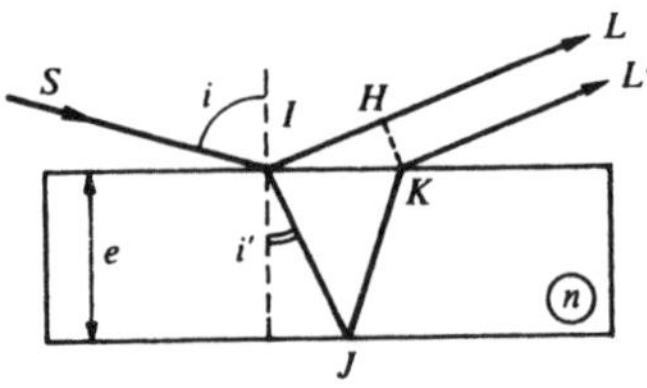

Figure 21

Entre I et KH (perpendiculaire à IL), le rayon IL accomplit le trajet IH dans l'air et le rayon KL', le trajet IJK dans le milieu d'indice n. La différence de marche est donc 2n I J – I H à laquelle il faut ajouter le retard supplémentaire $\frac{\lambda}{2}$ dû à l'avance de phase produite par la réflexion air-verre en I. La différence de marche en F entre les deux rayons IL et IJKL' est :

$$d = 2nIJ - IH + \frac{\lambda}{2}$$

or $IJ = \frac{e}{\cos i'}$ $IH = IK \sin i$ $IK = 2\ e \, tg\, i'$

$$\text{d'où } d = \frac{2ne}{\cos i'} - 2\ e \sin i \; tg\, i' + \frac{\lambda}{2}$$

$$d = 2\ ne \cos i' + \frac{\lambda}{2}$$

de cette formule, il suit que si i' est constant alors d est constant et que les franges sont des anneaux ayant pour axe la normale à la lame mince.

Dans le cas des anneaux par transmission il suit immédiatement, puisqu'il n'y a pas de déphasage supplémentaire lié à la réflexion, que d = 2 n e cos i'.

Les phénomènes par réflexion et par transmission comme l'avait déjà remarqué Newton sont complémentaires.

Les anneaux de Newton

Considérons une surface sphérique S (lentille plan-convexe de grand rayon R) posé sur une surface de verre plane P. Observons par réflexion les interférences produites par la lame d'air mince située entre les deux surfaces. Les franges d'égales épaisseur sont des franges circulaires : ce sont les anneaux de Newton.

En un point M quelconque l'épaisseur de la lame d'air est e. Soit HM = x et AH étant petit (s'il n'y a pas contact optique en A, AA' = e_0)

$$x^2 = AH\,(2R - AH) \approx 2\,R.\,AH$$

et $e = AH + e_0 = \dfrac{x^2}{2R} + e_0$

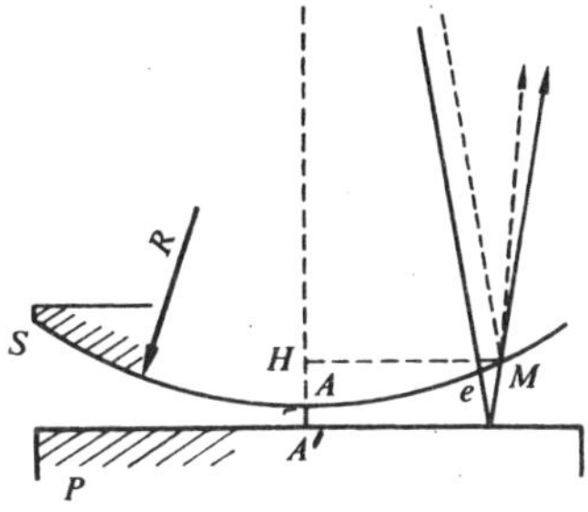

Figure 22

La différence de marche en M est $d = 2e + \dfrac{\lambda}{2} = \dfrac{x^2}{R\lambda} + 2\,e_0 + \dfrac{\lambda}{2}$

Il y a un anneau noir en M si d = p λ

$$p = \frac{d}{\lambda} = \frac{x^2}{R\lambda} + \frac{2e_0}{\lambda} + \frac{1}{2}$$

en posant $K = \dfrac{x^2}{R\lambda} + \dfrac{2c_0}{\lambda}$ on a $p = K + \dfrac{1}{2}$

Le rayon x de cet anneau noir est donné par $x = \sqrt{R(K - \dfrac{2e_0}{\lambda})\,\lambda}$

en posant $K_0 = \dfrac{2e_0}{\lambda}$ on a $x = \sqrt{R(K - K_0)\,\lambda}$

si $K_0 = 0$ (contact et optique) $x = \sqrt{RK\lambda}$

Les rayons des anneaux noirs varient comme les racines carrées des nombres entiers successifs ; c'est le résultat obtenu par Newton. La différence $K - K_0$ représente la différence des ordres d'interférence en M et en A et donc le nombre de franges vues entre le centre A et le point M considéré.

Les phénomènes de diffraction

La diffraction observée et dénommée pour la première fois par Francesco-Maria Grimaldi (voir chapitre III) a rapidement fait l'objet de travaux théoriques significatifs en rapport avec les conceptions de la lumière. Les plus importants avant ceux de Fresnel au XIXe siècle, furent ceux de Newton.

• La théorie newtonienne : une approche corpulariste

C'est sous le terme d'inflexion de la lumière que Newton regroupe l'ensemble des phénomènes relevant aujourd'hui, comme pour Grimaldi, de la diffraction.

Il faut attendre le texte de 1675 « *An Hypothesis explaining the properties of light discoursed of in my severall papers* » pour trouver les premières analyses newtoniennes du phénomène de la diffraction. Newton rappelle tout d'abord brièvement les observations de Robert Hooke réalisées à l'aide d'une lame de couteau et légèrement postérieures à la *Micrographia*. Il signale ensuite que cette expérience se trouve également dans les *Dialogi Physici* (Lugduni, 1669) du Père Honoré Fabri qui lui-même l'avait tirée de Grimaldi. Newton en vient alors à sa propre description de l'expérience :

> Supposons que le soleil pénètre par le petit trou HK, dans une pièce sombre et tombe sur le papier PQ ; interceptons à l'aide du coin MNO une toute petite partie du rayon incident. On observe alors sur le papier six lignes colorées R, S, T, V, X, Y.

> Au-delà de ces dernières une très faible lumière s'étend..., lumière qu'engendre par exemple le rayon brisé HnZ[1]...

Ce texte et le schéma l'accompagnant sont assez surprenants, car ils semblent indiquer la présence de franges à l'intérieur de l'ombre. Or, dans une telle expérience, on n'observe des franges qu'à l'extérieur de l'ombre géométrique bien que l'éclairement ne cesse pas immédiatement quand on s'enfonce à l'intérieur de l'ombre géométrique. On peut donc supposer que Newton n'a pas pris le temps comme il le suggère lui-même de réaliser cette expérience[2].

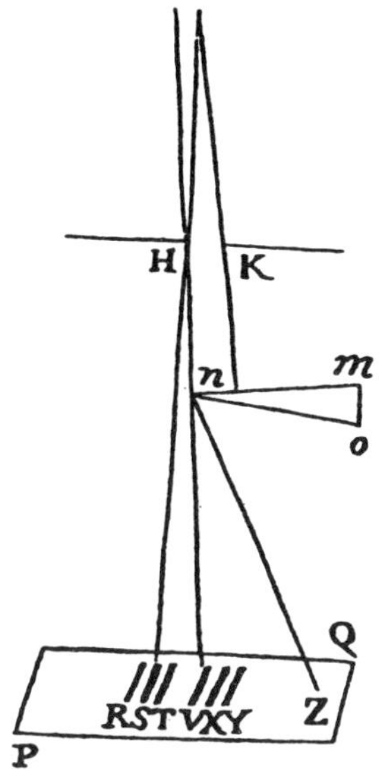

Figure 23

Contrairement à Grimaldi et à Hooke, Newton n'introduit pas dans ce contexte expérimental l'idée d'un type spécifique de propagation de la lumière. Pour lui, ces phénomènes résultent d'une réfraction se produisant dans la partie extrême de l'obstacle au contact d'un milieu éthéré de densité variable entourant et pénétrant l'objet. La zone occupée par ce milieu est représentée sur la figure ci-dessous par les deux traits en pointillé[3].

Newton confirme dans une lettre à Oldenburg en date du 15 février 1676 que tous :

> [...] les phénomènes de la couleur dans le monde ne résultent que de la séparation et du mélange des rayons différents, et que cette différence de réfrangibilité et de réflexibilité sont les

1. *Op. cit.*, chapitre II, note 1, p. 31, vol. I, p. 384.
2. *Ibid.*
3. *Ibid.*

deux seuls moyens par lesquels ces séparations et ces mélanges s'effectuent[1].

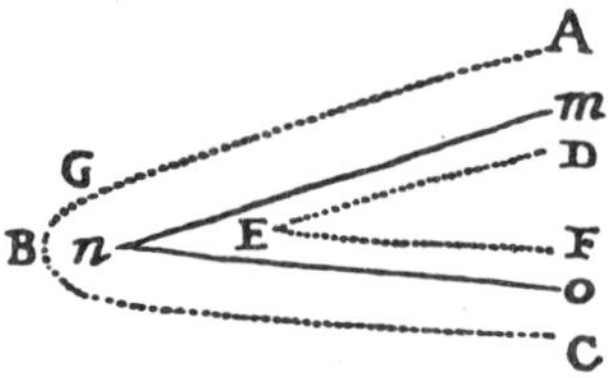

Figure 24

Une telle affirmation trouve son sens dans une référence implicite à une structure corpusculaire de la lumière déjà affirmée dans le cadre des expériences avec le prisme et renforcée par les résultats sur la conservation de la couleur et du degré de réfrangibilité. L'atomiste Newton explicitera d'ailleurs clairement sa pensée dans la Question XXXI de l'*Optique* :

> Tout cela bien considéré, il me paraît très probable que Dieu forma au commencement la matière de particules solides, pesantes, dures, impénétrables, mobiles, de telles grosseurs, figures, et autres propriétés, en tel nombre et en telle proportion à l'espace qui convenait le mieux à la fin qu'il se proposait [...]

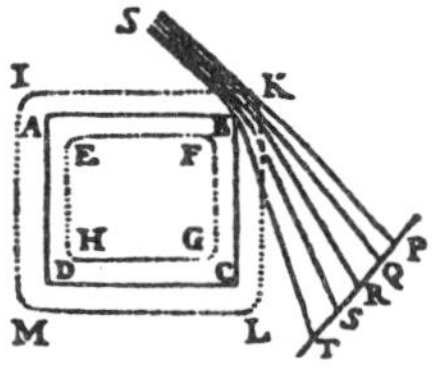

Figure 25

Quelques années plus tard, le 28 février 1679, Newton reprend, dans une lettre adressée à Boyle, une analyse tout à fait semblable à celle de 1675 de la genèse des phénomènes observés par Grimaldi et par Hooke. La figure donnée par Newton est sur ce point très claire[2].

En conséquence, via la réfraction, les nouveaux phénomènes se trouvent intégrés au modèle corpusculaire de la lumière. Cette approche est approfondie et confirmée par Newton dans le Scholie de la XIVe et dernière

1. *Ibid.*, p. 418.
2. *Ibid.*, vol. II, p. 289.

Section du Livre I des *Philosophiae Naturalis Principia Mathematica* (Londres, 1687). Newton précise dans ce texte « qu'il s'est assuré par des expériences exactes » que les rayons se courbent en passant près des corps. Il semble donc que depuis 1675, et au plus tard pendant la rédaction des *Principia* (novembre ou décembre 1684-avril 1686), Newton a réalisé un certain nombre d'expériences. En outre, il ne fait plus maintenant aucune référence à la présence de franges à l'intérieur de l'ombre géométrique d'un objet opaque.

Dans ces travaux Newton assimile à nouveau les phénomènes décrits par Hooke et Grimaldi à ceux de la réfraction, introduisant alors le terme d'inflexion (emprunté à Robert Hooke). Cependant, le milieu éthéré de densité variable est remplacé par l'action de forces s'exerçant entre le corps frôlé et le rayon lumineux assimilé à un corpuscule :

> Et les rayons en passant près des angles des corps opaques ou transparents tels que l'extrémité d'une lame de couteau, d'une pièce de monnaie, d'un morceau de verre, ou de pierre, etc. s'infléchissent autour de ces corps comme s'ils en étaient attirés : c'est ce qu'a découvert Grimaldi il y a longtemps en faisant entrer un rayon de lumière par un trou dans une chambre obscure, et ce que j'ai vérifié.

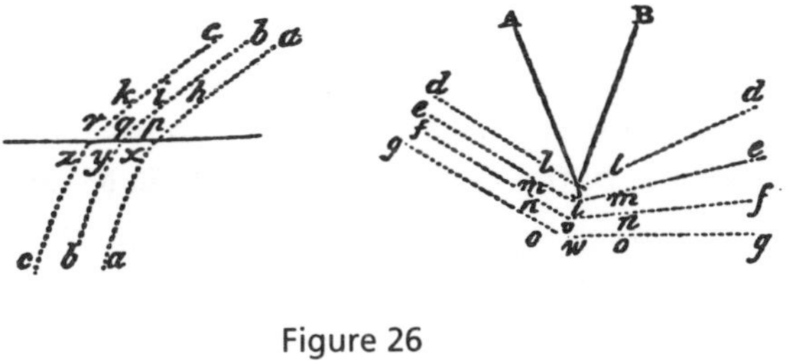

Figure 26

C'est au cours des années 1690 que Newton développe et enrichit considérablement ses études sur l'inflexion-diffraction.

Le Livre III de l'*Opticks* nous livre alors la forme définitive de ses recherches. Avant de nous les exposer, Newton rappelle une nouvelle fois certains résultats de Grimaldi :

> Personne, avant Grimaldi, n'avait observé que les ombres des corps exposés aux rayons solaires (introduits dans une chambre obscure par un fort petit trou) sont, non seulement plus amples qu'elles ne le devraient si ces rayons passaient en ligne droite le long de ces corps, mais bordées de trois franges colorées parallèles. Lorsque le diamètre du trou vient à augmenter, ces franges se dilatent et se mêlent au point de ne pouvoir plus être distinguées.

Dans l'*Opticks*, la nouveauté des recherches newtoniennes, par rapport à ses exposés antérieurs, réside principalement dans les expériences utilisant un écran étroit (cheveux, fils, épingles...). Il étudie également avec soin les franges de diffraction données, soit par un écran à bord rectiligne (lame de couteau), soit par une fente de largeur réglable constituée par deux couteaux mobiles.

Newton enrichit et complète les travaux de Grimaldi par de nombreuses mesures relatives en particulier aux dimensions et à la position des franges. Il réalise à l'aide d'un prisme de remarquables expériences en lumière monochromatique. Ces dernières, comme dans le cas des lames minces, lui permettent de rendre compte des observations en lumière blanche.

Par ailleurs, en inclinant ses deux couteaux l'un par rapport à l'autre, Newton observe les très belles franges hyperboliques correspondant à la partie la plus resserrée de la fente.

Newton note également, semble-t-il, l'apparition avec une fente étroite d'une frange sombre au centre du phénomène :

> Auprès de ce couteau j'en plaçai un autre, de manière que leurs tranchants fussent opposés parallèlement, et que le faisceau solaire venant à tomber sur les lames pût en partie passer entre elles. Lorsque la distance de ces tranchants était

> environ la 400e partie d'un pouce, le trait qui sortait de ce faisceau se partageait par le milieu et laissait une ombre intermédiaire. Cette ombre était si noire, que la lumière qui passait entre les lames semblait toute détournée de l'un ou de l'autre côté[1].

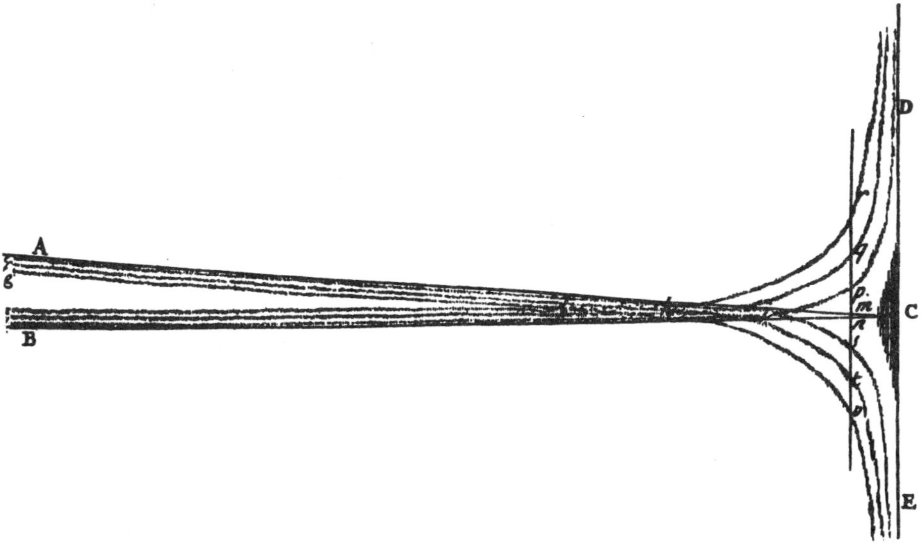

Figure 27

En revanche, bien qu'il ait fait de nombreuses expériences avec des écrans très étroits, Newton ne signale dans aucune de ses « observations » la présence dans ce cas de franges à l'intérieur de l'ombre géométrique. D'ailleurs, lorsqu'il explique la formation des franges, en s'inspirant de ses modèles précédents pénétrés de corpuscularisme, Newton propose un schéma dans lequel aucun des rayons (ADG, BEH, CFJ, KNQ, LOR, MPS) ne

1. *Optique*, Livre III, observation VI.

se plie, à proximité du cheveu, vers l'intérieur de l'ombre. En outre, après leur inflexion, les différents rayons (corpuscules) dont les trajets sont rectilignes se coupent pour rendre compte de l'absence de proportionnalité entre la largeur de l'ombre et l'éloignement de l'écran (Pour Young et Fresnel la trajectoire d'une frange indépendamment des approximations est une hyperbole).

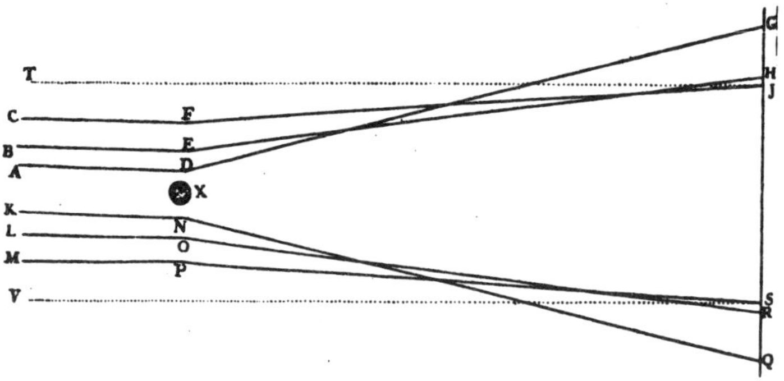

Figure 28

L'absence dans le Livre III de l'*Optique* de la description, présente chez Grimaldi, des phénomènes de franges à l'intérieur de l'ombre des objets étroits, phénomènes qui vont jouer un rôle décisif dans la genèse et l'adoption des théories ondulatoires au XIXe siècle, nous semble significative. Non pas tant parce que de telles observations auraient pu gêner la conception générale corpuscularise de Newton et le conduire à les « oublier », mais bien plutôt parce que Newton semble vraiment ne pas avoir observé les dites franges.

De telles observations n'avaient effectivement aucune raison de le troubler. Newton était tout à fait en mesure de les expliquer tout en restant à l'intérieur de l'optique corpuscularise. Il pouvait très bien, par exemple, supposer que, si les franges extérieures sont engendrées par une force répulsive, les intérieures le sont par une force attractive. Or, Newton ne semble pas *a priori* gêné par l'idée que d'un même objet puissent émaner, par exemple suivant la distance, des forces attractives et répulsives. Deux textes de Newton sont, sur ce point, significatifs :

- dans les *Principia* :

> Ceux de ces rayons qui en passant approchent le plus près des corps se courbent davantage, comme s'ils étaient plus attirés, ainsi que je m'en suis assuré par des expériences exactes. Ceux qui passent à de plus grandes distances s'infléchissent moins ; et ceux qui passent à des distances encore plus grandes s'infléchissent un peu en sens contraire[1].

- dans l'*Opticks* :

> Puisque dans les dissolutions métalliques, les menstrues n'attirent qu'en petit nombre les parties du métal, leur force attractive ne peut s'étendre qu'à petite distance. Et comme en Algèbre les quantités négatives commencent où les affirmatives finissent, de même en Mécanique, la force répulsive doit commencer d'agir où la force attractive vient à cesser[2].

En réalité, les études sur le phénomène de la diffraction étaient insuffisantes, dans le contexte expérimental de la fin du XVIIe siècle, soit pour remettre en cause la théorie corpusculaire qui expliquait si bien les aspects essentiels des phénomènes lumineux (propagation rectiligne, netteté des ombres géométriques, réflexion dans les miroirs...), soit pour favoriser efficacement le développement des théories ondulatoires dans le style de celles de Huygens ou de Hooke. D'autant que ces dernières théories, suivant Newton, ne donnaient pas, pour les principaux phénomènes, des résultats comparables à ceux des théories corpusculaires (voir *supra* chapitre III).

---

1. *Principia*, Livre I, section XIV, *Scholie* de la proposition XCVI.
2. *Optique*, question XXXI.

En outre, Newton avait semble-t-il admis explicitement la possibilité d'une présence de lumière, et même de franges, à l'intérieur de l'ombre en 1675 :

> *I should here conclude, but that there is another Strange Phaenomena of colours, wch may deserve to be taken notice of. Mr Hook, you may remember, was speaking of an odd straying of light caused in its passage neare the edge of a rasor, knife, or other opake body in a dark room ; the rays wch passe very neare the edge being thereby made to stray at all angles into the shadow of the knife*[1].

En 1704, deux expériences vont également dans le même sens. Dans celle de la fente convergente de largeur uniformément variable, des franges dessinant des hyperboles équilatères apparaissent dans l'ombre géométrique des deux couteaux à mesure que l'on s'éloigne du sommet (voir *supra*). Dans l'observation V, la lame du couteau intercepte le faisceau incident et Newton décrit dans les termes suivants la situation expérimentale :

> [...] J'aperçus de petits traits rayonnants d'une lumière faible, qui de deux endroits du faisceau s'élançaient dans l'ombre sous la forme de queues de comètes. Mais comme la lumière du soleil, projetée sur le papier, obscurcissait si fort ces faibles traits qu'ils étaient à peine sensibles, je fis un petit trou au milieu du papier pour les projeter sur un drap noir placé dernière : alors ils parurent distinctement. Ils étaient à peu près égaux en longueur, en largeur, et en intensité. Leur lumière, au bord qui confinait au champ du faisceau, était assez forte, l'espace d'environ 4 ou 5 lignes ; puis elle allait en s'affaiblissant jusqu'à s'éteindre tout à fait. La longueur de ces traits mesurés à 3 pieds du couteau était de 6 à 8 pouces, de sorte qu'elle sous-tendait au tranchant du couteau un angle de 10 à

1. *Op. cit.*, chapitre II, note 1, p. 31, vol. I, p. 383.

> 14 degrés environ. Cependant j'ai cru les voir quelquefois s'étendre 3 ou 4 degrés plus loin[1]...

On peut donc supposer que Newton, n'ayant aucune raison de ne pas signaler la présence de franges à l'intérieur de l'ombre, ne les a tout simplement pas vues. Par ailleurs, Roger H. Stuewer, refaisant très récemment en 1970 dans des conditions très voisines les expériences de Newton, en déduit que selon toute probabilité Newton n'a pas observé le phénomène[2].

En conclusion, il nous semble que si Newton n'a effectivement pas observé de franges à l'intérieur de l'ombre, c'est surtout parce qu'il ne s'est pas efforcé comme le fera en 1723 Giacomo Filippo Maraldi (1665-1729), de vraiment diversifier ses expériences (*Histoire et Mémoires de l'Académie Royale des Sciences*, année 1723, édition 1725, Partie « Mémoires », p. 123-124).

Et, si Newton n'a pas effectué ce travail expérimental, c'est peut-être comme il le dit, parce qu'il n'en a pas eu le temps (*Optique*, livre III), mais c'est peut-être aussi parce qu'il n'en éprouvait pas vraiment la nécessité. En aucun cas, la théorie corpusculaire de la lumière ne prédit de franges à l'intérieur de l'ombre, aussi Newton ne fut-il pas surpris de ne pas en voir et put négliger les observations précédentes de Grimaldi en considérant par exemple tout simplement la similitude existant entre les phénomènes de franges extérieures observées avec une lame de couteau et celles observées sur les bords d'un écran étroit. Contrairement à ce qu'elle deviendra au XIXe siècle avec la théorie ondulatoire de Young et de Fresnel, la zone d'ombre n'est pas pour Newton un lieu privilégié d'observation.

L'adhésion de Newton au modèle corpusculaire de la lumière, qui avait déjà ordonné sa théorie des Accès, a, en le conduisant à assimiler la diffraction à une réfraction particu-

---

1. *Optique*, Livre III, observation IV.
2. *A Critical Analysis of Newton's Works on Diffraction*, Isis, 1970, p. 188-205.

lière, ordonné sa théorie de l'inflexion. Mais elle a peut-être également ordonné ici son approche expérimentale en ne l'incitant pas à scruter l'ombre, à vouloir la faire parler. C'est d'ailleurs ce que semble penser Augustin Fresnel lorsqu'il écrit :

> [...] on serait tenté de croire que ses préventions théoriques (celles de Newton) ont pu contribuer à lui fermer les yeux sur ces phénomènes importants. (*Œuvres complètes* d'Augustin Fresnel, II, p. 8)

• L'approche fresnélienne : le principe de Huygens-Fresnel

Sans entrer dans une étude détaillée des phénomènes de diffraction qui met en jeu de délicats calculs d'intégrations associées aux intégrales de Fresnel et, si l'on veut, aux propriétés générales de la courbe de Cornu, nous donnerons les principes de l'interprétation fresnelienne du phénomène de la diffraction.

Considérons une source lumineuse S et soit Σ, la surface d'onde à l'instant t. Dans l'hypothèse des ondes de Huygens chaque point M de Σ est considéré comme une source secondaire qui émet une ondelette sphérique (dans un milieu homogène).

Au temps $t + \theta$, le rayon de l'ondette est $v\,\theta$, v désignant la vitesse de propagation. À l'instant $t + \theta$, l'onde Σ' est l'enveloppe des ondelettes de rayon $v\,\theta$. Si le milieu est homogène et isotrope, c'est une sphère de rayon $v\,(t + \theta)$. Cette construction de Huygens permet de comprendre l'évolution de la propagation du phénomène par action de proche en proche entre les divers points de l'espace.

Fresnel émet l'hypothèse suivant laquelle il peut y avoir interférences entre les différentes ondelettes. Le principe de Huygens-Fresnel permet alors de calculer les phénomènes de diffraction. Prenons un exemple très simple :

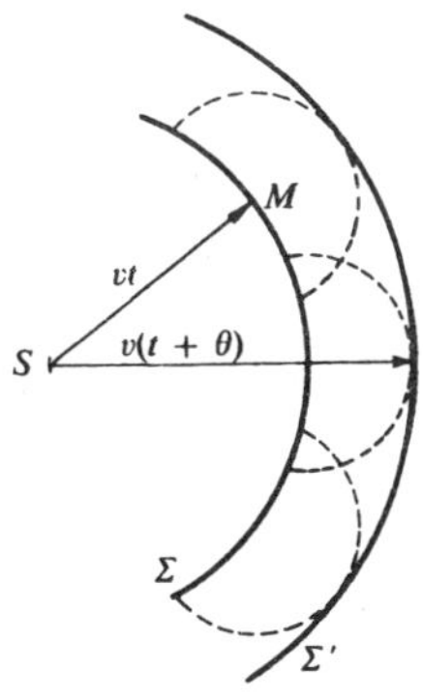

Figure 29

L'objectif O est éclairé par un faisceau de rayons parallèles :

L'onde plane incidente est limitée par un écran D et l'image géométrique de la source ponctuelle S se trouve en S'. D'après le principe de Huygens-Fresnel on peut considérer que tous les points de Σ se comportent comme des sources secondaires en phase qui diffractent la lumière. La vibration en P est alors la résultante d'une infinité de vibrations envoyées par les sources secondaires réparties sur Σ. Par conséquent, le calcul de l'état vibratoire en P se ramène à un calcul d'interférences dans lequel est impliqué une infinité de sources. Il ne reste plus alors qu'à manipuler avec soin de délicates intégrales !

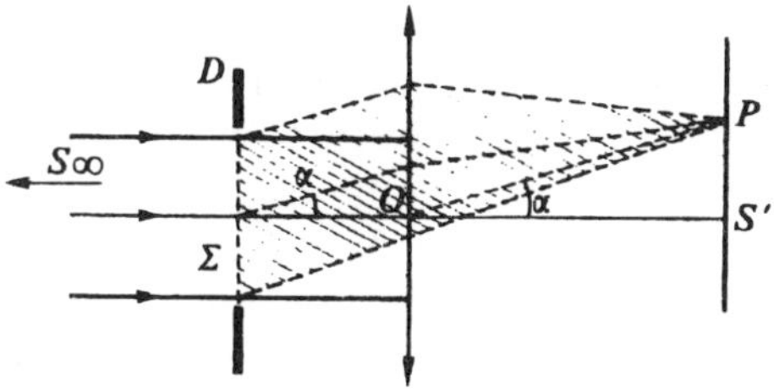

Figure 30

❖

En montrant dans les chapitres II, III et IV comment s'est mise en place une physique des phénomènes de la couleur nous avons volontairement laissé de côté ce qui relève de la perception proprement dite des couleurs. C'est à cette étude que nous allons maintenant cursivement consacrer le chapitre V.

Chapitre V

DES LUMIÈRES MONOCHROMATIQUES À LA SENSATION COLORÉE

Dans les conceptions d'inspiration aristotélicienne, jusqu'aux travaux de Newton, la sensation, la manière dont l'observateur se trouve affecté par la lumière et ses modifications, est au centre de l'organisation théorique relative aux phénomènes colorés. Ainsi, comme nous l'avons précédemment développé dans le chapitre I, la lumière blanche est considérée comme pure et homogène tandis que les couleurs, caractérisées par leur éclat ou leur force, naissent d'une modification (atténuation ou obscurcissement) de la lumière incidente.

Avec les travaux de Newton (voir chapitre II) et la mise en place des concepts de différence de réfrangibilité et de lumière monochromatique, la sensation en tant que telle se trouve évacuée de la procédure de mathématisation des phénomènes de la couleur. En outre, le concept de longueur d'onde n'est qu'une caractérisation strictement physique des différentes lumières monochromatiques, caractérisation indépendante de la spécificité coloré des rayons c'est-à-dire de la sensation de couleur qu'ils peuvent engendrer. Qu'en est-il alors de la sensation colorée ?

Cette question est centrale en ce sens qu'elle implique la reconstruction d'une théorie de la sensation colorée prenant en compte la nouvelle conceptualisation newtonienne de la lumière et des couleurs. Il s'agit d'une tâche extrêmement délicate qui requiert de démêler les rôles des différents facteurs qui interviennent maintenant, après l'abandon des théories traditionnelles, pour produire la sensation colorée :

1. la lumière blanche suivant la conceptualisation newtonienne ;
2. la matière colorante (les pigments etc.) ;
3. l'organe de la vision dans ses aspects physiologiques et cognitifs.

Jusqu'au début du XIXe siècle, une grande confusion règne dans l'analyse des phénomènes de la couleur. Le champ de la physique et celui des processus de la vision n'ont pas encore bien défini leurs territoires et réparti entre eux les phénomènes. Cette situation est, pour l'essentiel, à l'origine de l'incompréhension qui se développe rapidement entre physiciens et coloristes après la publication de l'*Optique* de Newton en 1704.

Le peintre Charles Bourgeois en témoigne en 1813 avec vigueur dans son *Mémoire sur les couleurs de l'Iris produites par réflexion, et sur les doctrines de M. H. Brougham, de Newton, de Gauthier et de M. Marat* :

> [...] mais les partisans de cette doctrine [celle de Newton], détournés précisément par elle de la voie qui pourrait les conduire à la connaissance des véritables lois de la colorisation, manquèrent probablement par eux-mêmes, pour rentrer dans cette voie, des inductions fines et sures que donnent une longue habitude de combiner les couleurs et d'observer en même temps les résultats remarquables qu'offrent ces combinaisons.

De même, Charles Blanc écrit encore en 1867 dans sa célèbre *Grammaire des arts du dessin* qui joua un rôle important dans les transformations picturales de la fin du XIXe siècle :

> Newton a voulu voir sept couleurs dans le prisme, sans doute pour y trouver une poétique analogie avec les sept notes de la musique ; il y a donc introduit arbitrairement sous le nom

> d'indigo, une septième couleur qui n'est cependant qu'une nuance du bleu. C'est là une licence que la grandeur de son génie ne saurait excuser. Ensuite, ces couleurs portées au nombre de sept, Newton les appelle primitives ; mais, à vrai dire, il n'y a de primitives que trois couleurs. On ne saurait en effet mettre sur le même rang le jaune le rouge et le bleu qui sont trois couleurs incomparables, et le violet, le vert et l'orangé, qui sont trois couleurs composites, puisque nous pouvons les composer en combinant deux à deux les trois premières et produire l'orangé par le mélange du jaune et du rouge, le vert par le mélange du jaune et du bleu, le violet par le mélange du bleu et du rouge [...].

Bien que souvent excessives les critiques adressées à Newton ne sont pas dénuées de bien-fondé. En effet ce dernier, dans l'*Optique*, en s'efforçant de montrer, par exemple, que la blancheur observée, résultant soit de la superposition des lumières spectrales au foyer d'une lentille, soit du mélange de poudres colorées fortement éclairées, est identique à celle de la lumière blanche directe du soleil induit de multiples difficultés, confusions et tensions à l'intérieur du champ épistémologique de la couleur et des phénomènes colorés. En ce sens une théorie cohérente ne sera mise en place qu'au cours de la seconde moitié du XIXe siècle après les travaux de Thomas Young (1773-1829), David Brewster (1781-1868), Hermann von Helmholtz (1821-1894) et James Clerk Maxwell (1831-1879).

Entre temps il a été nécessaire d'effectuer un important travail théorique marqué entre autres par la compréhension de la distinction entre synthèse additive, synthèse soustractive et synthèse optique c'est-à-dire entre mélange de lumières, mélange de pigments et mélange de sensations, ainsi que par l'élaboration corrélative de la théorie trichromique de la vision, centrée sur la sensibilité particulière des récepteurs de l'œil aux trois rayonnements bleu violet (455 μm), vert (530 μm) et rouge (625 μm). Il faut en outre bien distinguer d'un point de vue conceptuel ces trois couleurs de celles pouvant être engagées dans les processus additifs et soustractifs.

Dans les paragraphes suivants nous nous limiterons, en évitant d'entrer dans les détail en particulier de l'analyse des aspects physiologiques et cognitifs, à présenter, dans une perspective de clarification, certains thèmes centraux relatifs aux phénomènes de la sensation colorée : mélanges de lumière, de sensations et de pigments, couleurs complémentaires, mélanges additifs, soustractifs et optique.

Mélanges de sensation, de lumières et de pigments

À la fin du XVIIe siècle, peu après la publication par Newton de son texte fondateur de 1672 (voir chapitre II), Christiaan Huygens s'interroge sur la genèse de la blancheur. Il est surpris par les résultats newtoniens et s'empresse d'écrire, en date du 14 janvier 1673, à Henry Oldenburg pour Newton. Il propose dans cette lettre une intéressante approche de l'explication de la genèse des différentes couleurs et de la synthèse de la lumière blanche :

> [...] j'ai vu, comme Monsieur Newton prend peine à soutenir sa nouvelle Opinion touchant les couleurs. Il me semble, que la plus importante objection, qu'on lui fait en forme de Quere, est celle (*sic*). S'il y a plus de deux sortes de couleurs ? Car pour moi je crois qu'une Hypothèse qui expliquerait mécaniquement et par la nature du mouvement la couleur jaune et la bleue suffirait pour toutes les autres, par ce que celle-ci, étant seulement plus chargées (comme il paraît par les prismes de M. Hook) produisent le rouge et le bleu obscur, et que de ces quatre tout le reste des couleurs se peut composer. Je ne vois pas aussi, pourquoi Monsieur Newton ne se contente pas des deux couleurs, jaune et bleu. Car il sera bien plus aisé de

> trouver une hypothèse par le mouvement, qui expliquât ces deux différences, que non pas pour tant de diversité qu'il y a d'autres couleurs. Et jusqu'à ce qu'il ait trouvé cette hypothèse, il ne nous aura pas appris en quoi consiste la nature et différence des couleurs, mais seulement cet accident (qui assurément est fort considérable) de leur différente réfrangibilité.
>
> Pour ce qui est de l'autre, à savoir la composition du blanc de toutes les couleurs ensemble, il se pourrait faire que le jaune et le bleu seraient encore suffisant pour cela : ce qui vaut la peine d'être essayé, et il se peut par l'expérience que Monsieur Newton propose, de recevoir contre la muraille d'une chambre obscure les couleurs du prisme, et d'éclairer par leur lumière réfléchie un papier blanc. Il faudrait empêcher les couleurs des extrémités, savoir le rouge et le pourpre, de donner contre la muraille, et laisser seulement les couleurs d'entredeux, le jaune, vert et bleu, pour voir si la lumière de celles-ci seules ne ferait pas paraître blanc le papier, aussi bien que quand elles éclairent toutes. Je doute même si l'endroit le plus clair du jaune ne ferait pas tout seul cet effet ; et je l'essaierai à la première commodité. Vous voyez bien cependant que si ces expériences se succèdent l'on ne pourra plus dire que toutes les couleurs sont nécessaires pour composer le blanc et qu'il sera très vraisemblable que toutes les autres ne sont que des degrés du jaune et bleu, plus ou moins enfoncés[1].

Dans les premières lignes de son texte, Huygens avance tout d'abord une hypothèse concernant la genèse des couleurs. Celle-ci s'appuie sur une argumentation à la fois expérimentale, en faisant appel comme Robert Hooke (voir chapitre I) à deux couleurs seulement (ici le bleu et le jaune), et méthodologique, en faisant jouer un critère de simplicité et de commodité reposant sur le style d'intelligibilité mécaniste souhaité par Huygens. Le problème de la genèse des couleurs étant, sur ces

---

1. *Op. cit.*, chapitre II, note 1, p. 31, vol. I, p. 255-256.

bases susceptible d'être compris, il reste celui de la genèse de la blancheur. Huygens suppose alors que deux faisceaux colorés (jaune et bleu) projeté sur un mur pourraient à eux seuls engendrer le blanc. L'argument de Huygens est très puissant sur le plan expérimental. En effet, cette expérience soulève d'emblée le problème très délicat du mélange des lumières, des sensations et des pigments. Huygens suppose que l'on peut obtenir du blanc ou de la blancheur sur un écran à partir du mélange d'un faisceau jaune et d'un bleu. Or, chacun sait qu'en mélangeant des pigments jaunes et des pigments bleus sur une palette on obtient un vert. D'où peuvent bien provenir ces différences ?

En 1829 le physicien belge J. A. F. Plateau s'est servi de disques tournants pour constater la différence qui existe entre le mélange des pigments ou des matières colorées et celui des sensations. Sur un disque de carton on trace, en suivant Plateau deux cercles concentriques. Le cercle intérieur est peint avec un mélange de bleu d'outre-mer et de chromate jaune de plomb. Ce mélange possède une couleur vert-olive. Le cercle extérieur est divisé en quatre secteurs égaux dont on peint alternativement deux avec le bleu et deux avec le jaune qui ont servi à faire le mélange.

Si l'on met le disque en rotation rapide, les secteurs jaunes et les secteurs bleus disparaissent et l'espace extérieur ou annulaire occupé par eux est uniformément gris. Ce gris peut être légèrement teinté de jaune si la quantité de chromate de plomb est un peu forte. L'intérieur du disque reste, bien évidemment vert-olive. D'où vient alors la coloration grise ? Cette observation constitue un remarquable exemple de la différence qu'il y a entre le mélange des sensations et celui des matières colorantes ou des pigments.

Dans un cas ce sont les sensations engendrées par les lumières jaunes et bleus qui se mélangent dans l'œil pour engendrer une sensation de gris ; dans l'autre cas il s'agit d'un mélange des pigments. Le bleu d'outre-mer réfléchit (théorie newtonienne) une lumière renfermant des rayons verts et des rayons bleus ; de même le jaune de chrome réfléchit un mélange de rayons verts et de rayons jaunes. Alors dans le mélange des pigments nous avons en présence :

– Jaune de chrome ...... vert + jaune

– Bleu d'outre mer ...... vert + bleu

La somme donne du vert, car le jaune et le bleu produisent du blanc par mélange des sensations et du noir par mélange des matières. On dit alors que deux couleurs qui, par leur mélange produisent la sensation du blanc sont complémentaires. Ainsi le bleu et le jaune sont des couleurs complémentaires au sens additif (mélange des sensations) en engendrant du blanc et au sens soustractif (mélange des matières) en engendrant du noir par extinction ou absorption de tous les rayonnements.

Il importe maintenant pour clarifier ce propos de revenir sur quelques analyses classiques newtoniennes ou pseudo-newtoniennes :

L'expérience du peigne[1]

Newton après avoir réuni en une image blanche, à l'aide d'une lentille, les différents rayons séparés par le prisme fait glisser devant la lentille un instrument en forme de peigne à larges dents, dont chacune, en passant intercepte une partie des rayons colorés :

> [...] ainsi une partie des rayons était interceptée par l'intermédiaire de chaque dent ; tandis que les autres passant par leurs interstices contigus tombaient sur le papier et rendaient l'image oblongue d'une couleur mixte, produit de celles qui n'étaient pas interceptées. En faisant mouvoir le peigne, cette couleur variait continuellement ; car chaque dent passant à son tour devant l'objectif, toutes les couleurs, se succédaient l'une à

1. Newton, *Optique*, Livre I, Partie II, proposition V, expérience X.

> l'autre. Cette succession très distincte lorsque le mouvement du peigne était lent, devenait confuse lorsque le mouvement du peigne était rapide. Était-il assez rapide pour que les couleurs ne purent plus être distinguées ? elles semblaient disparaître totalement, et de leur mélange confus, résultait en apparence une blancheur uniforme.

Il suit de cette expérience que lorsqu'on fait mouvoir le peigne avec une rapidité suffisante, toute coloration disparaît dans l'image focale qui redevient complètement blanche. Cependant la situation n'est plus la même qu'en l'absence du peigne. En effet lorsque les différentes couleurs se succèdent dans cette image avec une grande rapidité, la sensation de chacune d'elles demeure imprimé, si l'on peut dire, dans la rétine, jusqu'à ce que toute la série des autres soit passée et ainsi de suite. La blancheur résulte dans ce cas d'un mélange des sensations du à l'effet de la persistance rétinienne et non d'une recomposition de la lumière par le simple jeu de la lentille convexe (mélange des lumières).

L'expérience pseudo-newtonienne du disque en rotation

Il s'agit de la très célèbre expérience qui consiste à mettre en rotation rapide un disque sur lequel on a peint, sous forme de secteurs, sept couleurs qui sont : le rouge, l'orangé, le jaune, le vert, l'indigo, le violet, le bleu c'est-à-dire les sept nuances principales distinguées par Newton. Si les pigments utilisés sont bien choisis et que la rotation est rapide, la surface du disque en mouvement paraît d'un gris parfaitement incolore.

Il importe tout d'abord de souligner que cette expérience est absente de l'*Optique* de Newton. Il y est bien question de disques colorés suivant des secteurs mais ces disques ne sont jamais mis en rotation ; Newton les utilise pour déterminer des mélanges couleur :

> Dans un mélange de couleurs primitives, la qualité et la quantité de chaque couleur étant donnée, connaître la couleur du composé[1].

En revanche l'expérience du disque en rotation a été réalisée, en particulier, par Pieter Van Musschenbroek (1692-1761) dans son *Cours de physique expérimentale et mathématique* (Paris, 1769 traduit du latin).

Cette expérience est faite, aujourd'hui encore, pour montrer que la lumière blanche peut être recomposée par le mélange de plusieurs couleurs. C'est là une grave erreur ; en effet le mélange ne se fait pas sur le disque ni dans l'espace intermédiaire entre le disque et l'œil, mais dans l'œil grâce, là encore, à la persistance des impressions sur la rétine. Le disque tournant offre un moyen de mélanger des sensations et non des lumières colorées.

Synthèse additive synthèse optique et synthèse soustractive

Nous nous sommes attachés dans les pages précédentes à dégager, à travers quelques exemples, la problématique et la spécificité des mélanges de sensation (on dit aussi mélange optique), des mélanges de lumières et des mélanges de pigments. Ces trois types de mélanges et les phénomènes associés ont été appelés respectivement « optique », « additif » et « soustractif ».

• Synthèse soustractive

Le peintre qui s'est spécialisé dans l'aquarelle est familiarisé avec les lois du mélange des couleurs des peintures transparentes. Il superpose sur sa feuille blanche du bleu et du jaune

1. *Optique*, Livre I, Partie II, proposition VI, problème II.

pour obtenir un vert ou bien il mélange d'abord le jaune et le bleu sur sa palette.

Dans ce cas, il y a soustraction de couleurs transparentes posées l'une sur l'autre. Seules les radiations vertes sont réfléchies par la surface peinte (voir *supra* l'expérience de Plateau).

• Synthèse additive

Un éclairagiste dans un théâtre n'utilisera jamais des projecteurs jaunes et bleus pour éclairer son arrière plan en un beau vert. Il sait, par expérience, que la lumière jaune, et la lumière bleue, en bonne proportion, éclairent une surface en blanc.

Dans ce cas il y a addition des couleurs c'est-à-dire addition des différentes radiations de façon à redonner la lumière blanche (voir *supra*, expérience de Huygens).

• Synthèse optique

Un artiste en mosaïque, ou un pointilliste comme Seurat, qui a besoin d'une zone verte n'alternera pas les tesselles ou les touches jaunes et bleues. L'artiste sait que les tesselles jaunes et bleues mélangées dans la sensation visuelle donnent une surface grise et non verte. Dans ce cas le mélange est optique ou rétinien (voir *supra* l'expérience de Plateau).

Quelques applications

• Les plaques autochromes des frères Lumière

Les frères Lumière imaginèrent en 1904 de recouvrir une plaque de verre avec une petite couche de grains très fins de fécule de pomme de terre colorés en rouge-orangé, en vert et en bleu-violet soigneusement mêlés entre eux et d'étendre ensuite sur cette couche une émulsion sensible de bromure d'argent. La plaque est exposée à la lumière de façon que celle-ci arrive sur la couche sensible après avoir traversé les grains. Elle est ainsi impressionnée par les rayons correspondants aux émissions et absorption des différents grains. On obtient, lors du développement et de la fixation une plaque négative. Doivent intervenir ensuite divers procédés et bains de telle sorte qu'à la fin les couleurs peuvent être observées par transparence.

• La télévision en couleur

L'écran d'un téléviseur couleur est constitué de points fluorescents (bleu d'outremer, vert et rouge) répartis régulièrement. Chacun de ces points peut émettre une lumière d'intensité plus ou moins grande qui varie rapidement. La clarté et la construction de la couleur obéissent alors aux lois de la synthèse additive ainsi que pour les parties proches les unes des autres, de la synthèse optique.

• Impression en trichromie

En examinant à la loupe une impression en trois couleurs nous observons que l'image est faite de points de couleur jaune, magenta et cyan. Aux endroits où deux couleurs sont en surimpression on voit seulement la couleur réémise en direction de l'œil (rayonnement non absorbé). Aux endroits ou les trois couleurs se chevauchent apparaît le noir (absorption complète). Il y a synthèse soustractive et pour certaine zone synthèse optique.

CONCLUSION

À l'issue de ce parcours, de cette réflexion à la fois historique et conceptuelle, il apparaît clairement que la nouveauté de l'approche initiée par Newton repose dans la mathématisation des phénomènes de la couleur, c'est-à-dire dans la mathématisation d'un problème physique qui jusqu'à la fin du XVIIe siècle avait résisté au traitement mathématique. En cela Newton a renouvelé la démarche galiléenne relative à la chute des graves.

Que doit-on entendre par mathématisation ? Principalement ceci : à l'étude traditionnelle qui rendait compte de la genèse des couleurs en les rapportant à divers degrés d'affaiblissement ou d'obscurcissement, inspirés par l'expérience sensible immédiate, se substitue une démarche entièrement inédite dont l'objet consiste à reconstruire les phénomènes de la genèse des couleurs à l'intérieur du domaine de l'intelligibilité mathématique. Ce faisant les phénomènes de la genèse des couleurs se trouvent soumis à des lois quantitatives exploitables et donc susceptibles d'assurer la prévision et par la même l'emprise de la raison sur la nature.

Mais ce n'est pas tout ; mathématiser la genèse des phénomènes de la couleur, cela veut dire aussi présenter sous une forme ordonnée l'ensemble des théorèmes, propositions et résultats que l'on est parvenu à établir (de ce point de vue la théorie des lames minces ou celle de l'arc-en-ciel sont particulièrement significatives). Par cette organisation déductive, chaque proposition étant établie sur la base des précédentes, une clarification et une investigation méthodique des propriétés fondamentales des divers phénomènes deviennent possibles tandis que toutes les ressources des connaissances mathématiques de l'époque peuvent être mise en œuvre comme en témoignent par exemple les travaux de Fresnel ou de Maxwell.

L'élaboration d'une nouvelle théorie de la perception des phénomènes de la couleur s'inscrit alors dans la démarche même du développement de la mathématisation en ce sens qu'elle se doit de reconstruire les phénomènes de la perception colorée à l'intérieur d'un champ d'analyse et d'hypothèse cohérent avec la nouvelle théorie physique des phénomènes de la couleur.

La boucle est accomplie ; notre regard est newtonien.

BIBLIOGRAPHIE

Arnheim Rudolf, *Art and Visual Perception. A Psychology of the Creative Eye*, University of California Press, 1954 ; réédition 1974.

Birren Faber, *Color Perception in Art*, Schiffer Publishing, 1986.

Blay Michel, *La Conceptualisation newtonienne des phénomènes de la couleur*, Paris, Vrin, 1983.

— *Les Figures de l'arc-en-ciel*, Paris, Carré, 1995.

Boyer Carl B., *The Rainbow from Myth to Mathematics*, New York, Thomas Yoseloff, 1959.

Brusatin Manlio, *Histoire des couleurs*, Paris, Flammarion, 1986.

Couloubaritsis L. et Wunenburger J.-J. (ed), *La Couleur*, Éditions Ousia, 1993.

Crombie A. C., *Robert Grossetexte and the Origins of Experimental Science, 1100-1700*, Oxford Clarendon Press, 1971, première édition 1953.

Élie Maurice, *Lumière, couleur et nature*, Paris, Vrin, 1993.

Françon Maurice, *Vibration lumineuse. Optique cohérente*, Paris, Dunod, 1970.

Gage John, *Colour and Culture. Practice and Meaning from Antiquity to Abstraction*, Thames and Hudson, 1993.

Halbertsma K. J. A., *A History of the Theory of Colour*, Amsterdam, 1949.

Hall A. Ruppert, *All was Light. An introduction to Newton's Optick*, Oxford, Clarendon Press, 1993.

Kemp Martin, *The science of Art. Optical Themes in Western Art from Brunelleschi to Seurat*, Yale University Press, 1990.

Lamb Trevor et Bourriau Janine (ed), *Colour: Art and Science*, Cambridge University Press, 1995.

Maitte Bernard, *La Lumière*, Paris, Le Seuil, 1981.

Ovio Giuseppe, *La Vision des couleurs*, Paris, Alcan, 1932.

Park David, *The Fire within the Eye. A Historical essay on the Nature and Meaning of Light*, Princeton University Press, 1997.

Ronchi Vasco, *Histoire de la lumière*, Paris, A. Colin, 1956.

Roque Georges, *Art et science de la couleur. Chevreul et les peintres, de Delacroix à l'abstraction*, Paris, Éditions Jacqueline Chambon, 1997.

Sepper Dennis L., *Goethe contra Newton. Polemics and the Project for a new science of Color*, Cambridge University Press, 1988.

Sherman Paul D., *Colour Vision in the ninetenth Century. The Young-Helmholtz-Maxwell Theory*, Bristol, Adam Hilger Ltd, 1981.

Thompson Evan, *Colour Vision, A study in Cognitive Science and Philosophy of Perception*, Londres et New York, Routledge, 1995.

TABLE DES MATIÈRES

Introduction 3

I. Les couleurs entre luminosité et obscurité 5

- La problématique aristotélicienne 5
- Les vicissitudes de la philosophie mécaniste 13

II. Les lumières monochromatiques 22

- Newton : le fait général de la multiplicité des lumières homogènes ou monochromatiques 22
- La mathématisation des phénomènes de la couleur 30

III. La caractérisation physique des couleurs 47

- Ondes et corpuscules 51
- Les longueurs d'ondes : Young et Fresnel 62
- Les couleurs invisibles 71
- La lumière blanche : hétérogéneité/homogénéité 74

IV. Les théories physiques des phénomènes de la couleur 87

- Les phénomènes colorés des lames minces 87
- Les phénomènes de diffraction 102

V. Des lumières monochromatiques à la sensation colorée 114

- Mélanges de sensation, de lumières et de pigments 117
- Synthèse additive, synthèse optique et synthèse soustractive 122
- Quelques applications 123

Conclusion 125

Bibliographie 127

Aubin Imprimeur
LIGUGÉ, POITIERS

Achevé d'imprimer en mars 2001
N° d'impression L 61431
Dépôt légal mars 2001 / Imprimé en France